JN324456

アラン・リピエッツ

グリーンディール

自由主義的生産性至上主義の危機とエコロジストの解答

井上泰夫訳

藤原書店

GREEN DEAL: La crise du libéral-productivisme et la réponse écologiste

Alain LIPIETZ

©LA DECOUVERTE, 2012

This book is published in Japan by arrangement with LA DECOUVERTE, through le Bureau des Copyrights Français, Tokyo.

日本語版への序文

本書の日本語訳が藤原書店によって上梓されることは、今なお大変光栄なことです。藤原良雄氏は「フランス・レギュラシオン学派」の経済学研究の成果をすでに数十年前から日本の読者のもとに届けてくれています。また、本書が井上泰夫氏によって翻訳されることは私にとりとくにうれしいことです。同氏は自らレギュラシオン・アプローチをフランスの地で学び、日本にその方法論を紹介する労を取りました。そして、私は彼の指導教授であった平田清明教授［一九二二—一九九五］に対して今も感動的な思い出を抱いています。同教授は、日本の同時代の研究者たちがこのアプローチを取り入れることに大きく貢献しました[1]。

読者がこれから読まれる本書は、まさしくレギュラシオンの方法にしたがって現在の危機を本格的に分析した最初の研究です。この分析はしかも、日本の「経済理論学会」の全国大会に招へいされたおり、最初にまとまった形で公表されました[2]。現在の危機はある意味、驚くべき特徴を有しています。この危機を説明するために、最近の新しい概念を含めて、レギュラシオン・アプローチのすべての概念を動員しなければならないからです。

現在の危機は、グローバルなレベルで再び競争的になったレギュラシオン様式の危機です。レギュラシオン様式が競争的になったので、かつての独占的な組織は現在では見かけ倒しの存在になっています。この危機はまた生産様式の危機であり、「技術パラダイム」の危機です。この技術パラダイムは二〇世紀初めに開発され、大戦間期に普及したテーラー主義を徹底させたものです。したがって、競争原理とテーラー主義という一九三〇年代の大恐慌の二つの要因が再現しているのです。

だが、現在の危機への処方箋は、一九三〇年代の危機に対する一九四〇年代の処方箋の単なる繰返しではありえません。一九四〇年代には、ケインズ、ルーズベルト、社会民主主義、そして、「フォード主義」という処方箋が登場しました。この処方箋は、国家と社会的協定によって制御された大量消費による経済成長であり、日本では第二次世界大戦後、マッカーサー元帥率いる連合軍の統治により導入されました。そして、フォード主義による解決は数多くの理由により、現在危機に陥っている発展様式の他の構成要因を動員することになります。私は、この発展様式を本書のなかで「自由主義的生産性至上主義」と命名しています。

第一の理由はよく知られているように、生産過程と市場のグローバル化です。国民国家はもはや国民市場でなくなっている国内経済を制御することができなくなっている。もちろん、中国やアメリカ合衆国のような大陸国家では現在でも国家による経済の制御が可能ですが、ヨーロッパ連合のような組織力の低下した連合体ではそれが不可能になっています(3)。さらに、日本のような小規模国であり、余りにもグローバル市場に依存した国でも不可能になっています。

（財政政策と金融政策という）国民国家に残されていた手段は、危機が表面化する以前に二〇〇〇年代を通じて積極的に動員されたことを付け加えておきましょう。だが、これらの政策の有効性は徐々に弱まりました。各国の財政赤字はすでに巨額であり、中央銀行の金利はすでにゼロないしマイナスになっており、このことが危機を緩和させています。そして、経済と雇用を回復させるために、もはやこれらの手段をあてにすることはできなくなっています。このことを最近の日本の「アベノミクス」はいみじくも説明してくれています。

日本の首相、安倍晋三氏の経済政策は、実際、ケインズ主義的景気回復政策の徹底に限られています。すなわち、超金融緩和と財政赤字の追加的な増大です。この政策は、日本の円高による、この一五年来の日本に固有のデフレを間違いなく遮断することができました。そして日本の大企業の利益は回復しました。だが、レギュラシオン理論がすでに指摘していたように、大量消費は回復していません。この大量消費は、財政支出や金融緩和ではなく、賃金上昇に依存しているからです。この賃金上昇こそは、ルーズベルト的革命であるニューディールの核心を形成しています。そして、フォード主義の発展を実現したのもこの賃金上昇でした。だが、安倍首相の政策は労働政策について自由主義を加速させています。その結果、不安定な日本の勤労者たちの状況はさらに悪化しています。したがって、消費者の状況も悪化しています。だが、国民国家が自国の賃金水準を決定できる自由を取り戻すことはもはや不可能になっています。日本に対してでさえ、グローバル競争による制約が存在しているからです。

本書のなかで、私は主として自由時間を増大することによって賃金部分の占める割合をどのように回復させることができるかについて論じています。そのためには、各国の競争条件のレギュラシオン様式を各国間で制度化する必要があると考えています(4)。

(やはりグローバル化に関連している)現在の危機のもう一つの困難は、金融、より一般的には民間の貨幣発行機関の果たす役割が巨大になっていることにあります。そして、金融産業はほとんど完全に規制緩和されています。この変化はグローバル化に関連していますが、同時に、自由主義的生産性至上主義モデルの三〇年間(ほぼ一九八〇―二〇一〇年)に実施された金融政策に関連しています。すなわち、自由主義が原因で賃金所得が不安定であるなかで、金融を緩和するために貨幣発行を容易にするというやり方です。

本当のことを言えば、金融機関の権力はすでに一九三〇年代からきわめて重要でした。というのも国際的な債権者たちは各国の金融、財政の主権を強く制限していたからです。だが、本書のなかで述べていますように、この時期、支配的資本主義諸国の数はきわめて少数でした。唯一の大国によって支配されていたからです(アメリカがイギリスに続くことになる)。これら少数の支配国が一連の国際会議で金融レジームについて協議して、返済不能に陥っている国の債務を免除する、あるいは長期的に債務の返済を繰り延べすることができました。本書を通じて、私は、人類史のなかでまったく新しいと思われる、貨幣の現在の性質についてできるだけ分かりやすく説明したのちに、今日何が必要であるかについて分析しています。

このように現代の貨幣を制御することは容易ではない。支配的経済大国の国際的な構図はきわめて複雑になっています。これらの経済大国は現在、「生産大国」と「[天然資源の利益に依存する]レント大国」から構成されています。前者は、輸入国（アメリカ）と輸出国（日本、ＥＵ）に区分され、後者は、アラブ諸国とロシアから形成されています。さらに、レントを稼ぐわけではなく、また、巨額の貿易黒字を引き出しているにしても、――これからなお数年間は――産業的な序列の上位を支配するわけではない諸国、つまり中国とインドのような新興諸国が存在しています。言うまでもなく、これらの大国の金融的利害は多様であるので、交渉はきわめて困難になります。

だが、一九三〇年代の状況との最大のちがいは、明らかにエコロジー問題が出現したことであり、この問題は、現在の経済危機の周辺ではなく、中心を占めています。このちがいが存在するので、かつてのルーズベルト的ニューディールである大量消費という単純な景気回復による危機からの「ケインズ主義的」な危機脱出の展望は決定的に有効性を喪失しています。エコロジーの問題は、二重の危機です。一方では健康問題を引き起こす世界的な食糧危機が存在すると同時に、他方では、気候への影響やフクシマのような事故をもたらすエネルギー危機が存在します。

これら二つの危機は相互に反応しあうと同時に、自由主義の危機と連動しています。私はヨーロッパ議会における委員会を通じて、これらの危機が展開する過程を観察することができました。私は、数度、これらの問題のヨーロッパ議会での報告者を務めました。これらの問題は（二〇〇七―二〇〇八年の）サブプライム金融危機に先んじて悪化しましたし、その起爆剤でもありました。そして現在でもこれらの問題は悪化し続けていて、世界的レベルでの物質的財の大量消費という景気回復政策を通じて危機からの脱出を図ることを不可能にしています。

したがってすべての危機脱出は、食糧およびエネルギーという二重の移行の側面を有することになります。そのため、文化的な変化が要請される。この場合、人間関係の強さが消費権力に対して回復される。グローバルなニューディールが必要であるが、それはエコロジー的であり、グリーンディールでなければならない。本書の第4章において、私はこの大いなる移行のプロセスについて分析しています。それはローカルであると同時に、グローバルであり、新たに要請される新しいレギュラシオン様式を伴っています。

言うまでもなく、現在の危機はきわめて複雑であるがゆえに、現代にケインズが生きていたとして、新たに『一般理論』を書くとしても容易なことではないし、国際的な交渉者たちの任務も容易ではありません。このような条件のもとでは、一九三〇年代末のように、庶民がナショナリズムと権威主義による解決という幻影のなかに逃げ込むことはまったく可能です（そして、私は実際にその可能性があることを恐れています）。このことは、しかし、間違いなく新たにグローバルな紛争の火種を引き起こすことになります。その前兆となる出来事が増えているし、一九三六年にスペインではローカルな市民戦争の形態をとったように、現在われわれは、世界の（レントと産業の）大国が「非介入」を宣言しつつもシリアに圧力を加えているのを目にしています。これら諸国は、シーア派やスンニ派の軍隊とのあり得ないような同盟に依拠しています。そして、庶民にとりまったく好ましくない、なかばシェークスピア的な状況、「あふれ返る雄叫びと狂乱、だが何の意味もありはせん」『マクベス』木下順二訳、岩波文庫、第五幕、第五場」状況が続いています。

したがって、現在「何をなすべきか」について書斎でプランを作成するだけでは不十分なのです。このプランを現実に庶民の願いとどう合致させるか、その仕方について検討しなければならない。今日までエコロジストたちはほとんどこの問題について論じてこなかった。彼らは余りにもつぎのように断言することが多かった。「眼前に迫りつつある破局を見なさい。この世は終末に向かっています。私が言うようにしなさい。さもないと、あなた自身の終わりが待っています。」だが、これでは説得できません。本書の第5、6章で説明しているように、私は人びとがグリーンディールを愛して、選び出すための一〇の結論を打ち出しています。

たとえば日本では、フクシマの事故によって世論は原発拒否に向かうはずであり、エネルギーを過剰に消費する体質を問い直すことを受け入れるはずです。これは、驚くべき好機です。日本は現在中国とのますます激化する競争の脅威に曝されており、中国の技術は大変早い速度で成長しているのに対して中国の賃金水準は相対的に大きく停滞しています。このなかで、日本は生活水準を維持して、それを改善するしか術がありません。すなわち、「生活の質」によって競争力を発揮し続けることです。そのために、日本はトヨティズムの時期から継承している勤労的な知力のすべてを投入して、生産と消費様式のエネルギー効率を改善することができるでしょう。さらに、美しさが最優先され、清貧と雅びにもとづくような社会を構築するために、すべての国民的な誇りを活用することができます。要するに、国家設計のデザインをグリーン革命に役立てることによって、一九九〇年代の日本の優位を復活させることができるでしょう。

新しい社会関係と美しさの追求なしに、エコロジーの移行を実現することはできません。そのために急ぐ必要があります。われわれはまだこれから数年間選択の時間があります。われわれの必要とする価値のなかで、ローカルな、そしてグローバルな協働こそ、おそらく最も本質的な価値です。人類は、地球全体を救うことによってしか救われない。

二〇一四年一月一日

アラン・リピエッツ

注

（1）http://lipietz.net/spip.php?article2877
（2）http://lipietz.net/spip.php?article2769
（3）ＥＵに固有の危機について、私の最近の二つの論文を参照されたい。http://lipietz.net/spip.php?article2964, http://lipietz.net/spip.php?article2727
（4）この点について、つぎの最近の論文のなかでさらに展開しています。http://lipietz.net/spip.php?article2854

グリーンディール　目次

第3章 グリーンディールのための工程表 …… 93

凡例

一　原文の（　）は（　）のままとした。
一　原文の《　》は「　」とした。
一　原文のイタリック体は、本文では傍点を付した。
一　原文の脚注は、段落の末尾に付した。
一　＊および［　］は訳注である。

グリーンディール

自由主義的生産性至上主義の危機とエコロジストの解答

序論

二〇〇八年九月、リーマン・ブラザーズ銀行が破産したことによって公式に始まった現在の危機は、二〇一〇年に各国の財政赤字の危機となったが、一九三〇年代の大恐慌と同様に深刻であるように思われる。現在の危機は確かに「大危機」という名に値する。すなわち、ある発展モデルの終焉である。

現在崩壊しつつある発展モデルは、第二次世界大戦後の「黄金の三〇年」の終わり（一九八〇年頃）から現在まで続いたモデルであり、新自由主義的あるいは自由主義的生産性至上主義モデルと呼ばれている。今日このモデルが危機に陥っている。そしてこのモデルの自由主義的で生産性至上主義的であるという二重の性格がこの危機の二重の原因によって確認されている。ヘーゲルの言葉によれば「ミネルヴァのフクロウは夕暮れに飛び立つ」。そしてこの危機の二重の性格から、社会的かつエコロジー的という二重の解決が生まれている。

もちろん一九三〇年代のように、財政赤字と金融の混乱の危機に対して解決を見つけなければならない。とはいえ、本書の分析は危機の解決のために社会的な側面、とくにエコロジーの側面にあてられている。世論により押し付けられた「エコロジーの真理」としてグリーンなソースが危機の金融的経済的分析に加えられることは、余りにも数多く行なわれている。その反対にわれわれがここで試みたいのは、「グリーンな解決」の必然性を危機のエコロジー的な分析の中に持ち込むことである。そのためにわれわれは危機に陥っている現在の発展モデルの性格と危機のメカニズムにまで遡らなければならない。

なぜなら、偉大な歴史家エルネスト・ラブルース[1]が述べたように「社会には、その社会の構造に固有な動きがある」。現在の自由主義的生産性至上主義は複雑な構造を有しているので、現在の危機もまた複雑である。現在の危機は自由主義モデルの危機であるので、一九三〇年代の大恐慌と共通の性格を持っている。他方、現在の危機は生産性至上主義モデルの危機であるので、エコロジーの危機である。したがって歴史家、とくにフェルナン・ブローデルやエルネスト・ラブルースが「旧体制の危機[2]」と呼んでいるものを思い出させる。旧体制の危機は一八四八年のヨーロッパの革命がその最後のエピソードである。

（1）つぎの文献を参照。Ernest LABROUSSE, *La Crise de l'économie française à la fin de l'Ancien Régime et au début de la Révolution*, PUF, Paris, 1944.

（2）Fernand BRAUDEL, Ernest LABROUSSE, *Histoire économique et sociale de la France*, PUF, Paris, 1979. を参照されたい。旧体制の危機は、収穫の不作から生じる。穀物価格は上昇し、農業労働者の賃金は低下

する。彼らは都市に流入して、さらに都市の賃金を悪化させる。すべての労働者にとり、食糧購入のための購買力は低下する。そして彼らの消費する衣服などの工業品の消費が減るので、失業者が新たに生まれる。

一九三〇年代と同様に現在の危機は、金融危機とくに株式市場の危機からはじまった。だが、早くからこの危機が社会的、マクロ経済的な深い原因を持っていることが明らかになった。富裕者は豊かすぎて、賃労働者は貧しすぎるがゆえに、「過少消費」の危機が不可避である。一九三〇年代の危機を解決したのは結局ニューディールの実現であった。ニューディールはアメリカ大統領フランクリン・ルーズベルトによって提唱され、賃金を引き上げて、ヘンリー・フォードが推奨したように、労働者一人ひとりに車を販売するというものであった。そしてケインズが推奨したように、大量信用にもとづいて、貨幣供給が拡大された。だが、（一九三〇年とは反対に、そして）一八四八年の危機と同じように、二〇〇〇年代に地球は人間にとりほとんど「寛容で」なくなっている。農産物価格、鉱物資源価格、石油価格が急騰している。工業品である耐久消費財の需要は食糧、暖房、交通費など基礎的な財の価格が上昇しているので、低所得から平均的な所得の家計では予算から排除されている。実際、地球が「貧しく」なっていることはこれまでの発展モデルが生産性至上主義によって浪費したことの結果である。現在の危機に対して「フォード主義的」な解決を行なうことは危機のさらなる悪化を引き起こすだけである。食物や原油の価格に新たなショックが起こるであろう。気候変動の悪化が起こるであろう。原発に逃げ道を求めるのであれば、フクシマの危機が新たに再現することになる。

だが、通常の財政的な景気回復政策を「グリーン化する」ことは同様に間違いである。グリーン技術に公的補助を増やしても、危機の自由主義的な次元における不平等の大きな問題は無視されたままであり、根本的な社会改革の必要性も無視されているからである。現在の危機の金融的、社会的側面、そしてエコロジー的側面は部分的な解決では決して有効でないほど複雑に関連している。われわれはグリーンディールすなわちエコロジー的であると同時に社会的な新しい緑の協定を必要としている。しかもこれは世界的なレベルにおいて必要である。

本書のプランは、このような必要性に答えようとしている。われわれは以下で、まず現在の終わりつつある発展モデルの構成要因について論じる。つぎに、二〇〇七年から二〇一二年初めにおける危機の複雑な諸要因を検討する。最後に、とりわけ、グリーンなニューディールの諸要素について論じる。このニューディールへの移行の過程についても論じる予定である。そして、このような妥協を実現するための困難について検討する予定である。最後に、われわれはいくつかの政治的な提案を行なうことにする。

本書はグローバルな危機について語っている。本書のもとになっているのは、国際経済に関する私の最近の研究、そして、一〇年間に及ぶ私のヨーロッパ議会議員の経験である。私はヨーロッパ議会で経済通貨委員会と国際貿易委員会のメンバーであった。そしてヨーロッパ・ラテンアメリカ議会委員会の副委員長をつとめた。私は二〇〇七年における危機の始まりとEU当局の最初の行動をリアルタイムで観察することができた。私は最初の分析を『危機との対峙――エコロジーの緊急性』[3]という対談形式の本のなかで展開した。この本のなかで展開された諸点（危機にあるイデオロギーや文化的背景、貨幣の特殊な性質、緑の変革など）は依然として重要性を持っているが、本書では繰り返されていない。本書の骨格となる部分はイギリスと日本で議論されたけれども[4]、本書が取り上げている現実や主要な提案はヨーロッパそしてフランスという「先進国」を対象にしている。ここにはアフリカ、アメリカ大陸、そしてアジアの後進国あるいは中進国への提案は存在しない。私にはこれらの国ぐにについて語るべき資格が何もないし、現在の危機に最も責任のある国ぐにの最も重要な問題について「コンパクトな」本を書きたかったからである。現在の危機の最も「責任のある」国には私自身の母国であるフランスも含まれている。危機が起こっているのはこれらの国においてであり、責任もまたこれらの国にある。

（3）Alain Lipietz, *Face à la crise : l'urgence écologiste*, conversation avec Bertrand RICHARD, Textuel, Paris, 2009. を参照されたい。同様に、私は政治的エコロジーの土台となっている方法や価値について本書では繰り返し説明しない（これらの方法や価値は、本書でとくに分析されている危機からの脱出の道を示唆している）。これらについて、私のつぎの著作を参照されたい。*Qu'est-ce que l'écologie politique ? La grande transformation du XXI*ᵉ siècle, La Découverte, Paris, 1999, 2003（rééd. 2012 aux Éditions Les Petits Matins, Paris).

（4）二〇一一年九月、イギリスと日本において、つぎのような二つの報告を行なう機会があった。

« Fears and hopes. The crisis of the liberal-productivist model and its green alternative », présenté à la conférence « *Responding to the crisis in international development* », 20th Anniversary Conference of International Development Dept., LSE, 8 septembre 2011 ; et à la conference « *The global economic crisis and state : alternative approaches for monetary and fiscal policies* », 59th JSPE Annual Conference, université Rikkyo, Tokyo, 17 septembre 2011［アラン・リピエッツ「恐怖と希望」『経済理論』八木紀一郎訳、第四九巻、第一号、二〇一二年四月］. これらの会議に参加してくれたすべての出席者及び関係者の間で流布されたこれらの報告ペーパーに対してコメントを寄せてくださった方々に対して感謝したい。本書では、これらのコメントを生かすことに努めた。

最後に、私はヨーロッパおよび世界全体における政治的エコロジーにかかわるすべての男女の友人、政治活動家、ボランティアあるいは職業的な活動家に対して感謝したい。彼らの経験は私の分析に大きな影響を与えた。私は本書の読者に対して、（もはや危機は明らかになっているので）危機の深刻さを説得するのではなくて、もし望むのであれば、危機から脱出する可能性を、その緊急性を説得したい。

第1章

自由主義的生産性至上主義モデルの定義

現在の危機が「大危機」であるといっても、そのことは現在の危機がグローバルで、急激であり、深刻であるということを意味するだけではない。この大危機という言葉は「発展モデル」という言葉と同様に、第二次世界大戦後アメリカ合衆国および西ヨーロッパ諸国で実現した「フォード主義」という発展モデルの「大危機」に関連して主としてフランスで研究された経済学のアプローチに関連している。フォード主義の危機は一九七〇年代半ばに石油ショックとともに始まったが、人びとはともかく先進諸国では資本主義はいつでも同じように機能しない（少なくとも「先進諸国」においては）ことを了解した。そして資本主義の危機は支配的な「モデル」に応じて大きく異なることを理解した。危機について旧くから知られているように、資本主義を構造化する緊張が資本主義に対して混乱を伴う歩みを要求するのであり、アクターたち（企業、家計、銀行、国家など）を的確に方向づける、つまり、「調整する」役割を果たすことになる習慣やルーチンそして制度は存在しなくなる。さて、このレギュラシオン様式は時代と国に応じて変化する。資本主義は自由主義的か、あるいは政府主導型である。つまり競争的、ないし独占的である。ここから経済学のこのアプローチに対して「レギュラシオン理論」[1]という名前が生まれた。以下ではこの理論に従って説明することになるが、専門用語はできるだけ避けることにしたい。

（1）レギュラシオン理論について、たとえばつぎの文献を参照されたい。Robert BOYER, *La Théorie de la régulation. Les fondamentaux*, La Découverte, coll. « Repères », Paris, 2004. さらに、つぎの文献をも参照。Alain LIPIETZ, *Mirages et miracles. Problèmes de l'industrialisation dans le tiers monde*, La Découverte, Paris, 1985

〔アラン・リピエッツ『奇跡と幻影——世界的危機とＮＩＣＳ』若森章孝・井上泰夫訳、新評論、一九八七年〕.

レギュラシオン理論は、比較的長期に及ぶ、（たとえば三〇年程度の）資本主義の典型的な機能の仕方を「発展モデル」と呼んでいる。この期間に発展モデルのなかで蓄積される小さな変動は調整する諸力の反応を表現している危機によって突然修正される。たとえばチューリップの生産過剰はチューリップの価格の暴落を引き起こす。それは社会にとって社会を揺るがすほどの深刻なことではない。それは「小危機」と呼ばれる。つぎに、モデルがもはや修復できないほど深刻な時期がやってくる。だが資本主義が死亡宣告を受けているのではない。資本主義は少なくともそのモデルを変えなければならない。だがどのモデルを採用すべきかわかっていない。この場合が、「大危機」と言われる。大危機は、イタリアのマルクス主義哲学者アントニオ・グラムシが二〇世紀初めに行なった危機の定義に合致している。「旧いものが死にかかっている。新しいものはまだ生まれるに至っていない。この過渡期において、怪物が出現する」。

レギュラシオン理論によれば、資本主義の発展モデルをつぎのように説明することができる（以下では最低限の専門用語が使用される）。

第一に、「技術パラダイム」。すなわち賃労働が典型的に組織される仕方。たとえば小さなグループ、あるいは大規模な集団か。労働者が熟練した複雑な仕事をするのか、あるいはその反対に単純な繰り返し作業をするのか。チャップリンが『モダン・タイムズ』のなかで不朽にした新しい技術パラダイムは、一九二〇、三〇年代にアメリカで確立しつつあったパラダイムであり、組み立てラインは単純な繰り返し労働である「テーラー主義」と組み合わされた。

第二に、「蓄積体制」。すなわち実質的な社会的需要の構造は、一般的に安定している。自動車、住宅、テレビ、靴下、リンゴから工作機械、トラック、ポリスチレンに至るまで具体的な注文が社会全体によってたとえば来週発注される。そして企業による商品の供給が維持され、これらの供給は貨幣の支払いによって「実現」される。そして新しい投資に向けて利益は割り当てられる。資本主義のような商品経済において、投資して生産するだけでは不十分であり、供給されるものが実質的な需要に出会う[2]必要がある。供給物は貨幣と交換されて初めてその価値が「実現」される[3]。

（2）自由主義を批判した経済学者たち（マルクス、ケインズ、カレツキ）が（「有効需要」におけるように）「有効」という言葉を強調したのに対して、自由主義的な信条によれば、「供給は需要を生み出す」（ジャン・バティスト・セイの法則）。セイのような自由主義者によれば、生産は賃金、利潤を産み出し、これらの収入が生産物を購買する。だが、そんなことはまったくない。企業の供給に直面する有効需要だけが分配済の賃金と供与された信用に分解される（それらに加えて公共需要と輸出があるが、ただちに複雑化しないでおこう）。利潤は、供給された製品の（つねに危険に満ちた）販売ののちにしか実現しない。

（3）危機において見られるように、一般的に、資本の所有者にとり、在庫や設備や金融証券を形に関係なく貨幣と交換できる、すなわち「自分の資産（自分の所有物）を実現できる」か否か知っておくことは、大変重要である。

第三に、「レギュラシオン様式」。制度やルーチン全体によって、経済主体たちは蓄積体制に合致するように行動することができる。レギュラシオン様式はしたがって貨幣自身、国家から、市場の組織化、団体交渉、広告にまで及んでいる。

第四に、「国際的な構図」、すなわち相異なる国民的社会経済の構成体の整合性である。これらの国民的な構成体は、相異なるモデルに従っているが、世界市場で資本や商品（さらには移民労働者）を相互に「交換」している。

以上の四つの概念に基づく方法論が、一九七五年から一九八二年におけるフォード主義の危機の分析のなかで展開された。フォード主義は、オートメーションライン労働に依拠しており、大量生産はますます大規模化するなかで、消費社会がほとんどすべての人に対して約束され、強固な団体交渉によって支えられていた。このモデルは、アメリカのヘゲモニーによって他の先進国に波及し、第三世界の国ぐにに対して一方的に押し付けられた。第三世界の国ぐにはエネルギー、原料そして移民労働者を供給していた。レギュラシオン理論は、つぎに新しい競争モデルを明らかにすることができた。そして一九八〇年代に勝利を収めたモデルの分析を提示した。すなわち以下で説明される自由主義的生産性至上主義モデル(4)である。

（4）この自由主義的生産性至上主義モデルのいち早い分析についてつぎの文献を参照されたい。Barry BLUESTONE, Bennett HARRISON, *The Great U-turn. Corporate Restructuring And The Polarizing Of America*, Basic Books, New York, 1988. 成熟期に達した自由主義的生産性至上主義モデルのレギュラシオン理論による分析についてつぎの文献を参照されたい。そこでは、危機からの脱出の諸提案も検討されている。Alain LIPIETZ, *La Société en sablier. Le partage du travail contre la déchirure sociale*, La Découverte, Paris, 1996.

1　抑圧的テーラー主義

フォード主義の危機の要因のひとつは、「テーラー主義」というフォード主義の技術パラダイムから生じた生産性の上昇の枯渇であった。構想と実行の任務が厳しく区別され、細分化された実行の任務がエンジニアやテクニシャン〔技師〕によって組み立てラインで働く労働者たち（非熟練工）に指示された。

自由主義的生産性至上主義モデルでは、テーラー主義はサービス部門に拡大され、仕事の結果に対する圧力によって厳しく徹底された（「客は待ってくれない」「業績を上げなさい」）。不要であると判断された仕事、つまり「のんびりやれた仕事」（経営者にとって「のんびり」であり、このような職場では、お客の世話をする時間があり、それだけ「ゆるやかで」あった）は、最も無駄のないレベルまで削減され、再組織化された（それが「リーン」の意味だった）[5]。リーン・マネジメントであり、ついでストレスによるマネジメント（すなわち、働く人にさらなる努力を要求するような苦痛によるマネジメント）になった。あるいは、クラッシュ・マネジメント（働く人は解雇に伴う手当を受け取ることなく退職することを余儀なくされる）さえになる。このような「指示」から「抑圧」に至る流れは、ストレス、そして、腱炎や自殺のような職業的病気の突然の悪化を引き起こした。このような傾向は旧い先進国においてもあるいは第三世界の新興国においても起こった[6]。

（5）自由主義的生産性至上主義モデルは、少なくともその初期において、唯一の超大国であるアメリカ合衆国の完全なヘゲモニー段階において成立したのに対して、フランスは衰退を加速させた。その結果、経済学の分野では英語に対してフランス語の創造性が衰退した。そして英語による理論的、記述的用語が氾濫した。本書のなかで、私は慣用化している「英語的フランス語」を使用するが、フランス語による置き換えに努めたい。

（6）「新しい経営管理方法」の効果に関する証言は（とくに二〇〇〇年代における自殺者の急増について）TVドキュメント番組にあふれているし、（それ以前については）書かれた記録にあふれている。たとえば、以下の文献を参照されたい。Albert DURIEUX et Stéphane JOURDAIN, *L'Entreprise barbare*, Albin Michel, Paris, 1999. つぎの諸文献は理論的な分析である。Grancis GINSBOURGER, *La Gestion contre l'e ntreprise. Réduire le coût du travail ou organiser sa mise en valeur*, La Découverte, Paris, 1998 ; Christophe DEJOURS, *Souffrance en France. La banalisation de l'injustice sociale*, Le Seuil, Paris, 1998. さらに、『健康と労働』誌（la revue *Santé et Travail*）の編集長、François DESRIAUX による一連の論稿は労働の困難に関わる社

会的、環境的なすべての側面を分析している。他方、労働の危機の表面化についてつぎの著者による診断を参照。Vincent de GAULEJAC, *La Société malade de la gestion. Idéologie gestionnaire, pouvoir managérial et harcèlement social*, Le Seuil, Paris, 2005, 同じ著者によるつぎの文献も参照。*Travail : les raisons de la colère*, Le Seuil, Paris, 2011.

一九八〇年代におけるオルタナティブは、品質管理と呼ばれていた方法を通じて、労働者の高い技能形成と最も効率的な生産技術を追求するために労働者が「交渉にもとづく参加」を実践することであった。テーラー主義に代わる「技能形成」による代替的なモデルが、トヨタ・システムやボルボ・システムであり、さらに、ドイツ語圏アルプス地方やイタリアの北部、ドイツのバビエール地方、バーデン・ビュルテンベルク州の中堅企業のモデルであった。この代替的な戦略はピオーレとサーベルの有名な著書[7]のなかで高く評価され、一定の国ぐに、すなわちスカンジナビア諸国、そして、部分的にはドイツ、日本において優位性を発揮した。だが、この戦略は世界的には少数派に留まっている。なぜなら「抑圧的テーラー主義と不安定雇用と低賃金」という組み合わせが「交渉による参加と妥当な賃金の組み合わせ」モデルよりもほとんどの産業においてはるかに競争力があることが判明したからである。[8]

（7）つぎの文献を参照されたい。Michael PIORE, Charles SABEL, *The Second Industrial Divide*, Basic Books, New York, 1984（traduction française : *Les Chemins de la prospérité. Production de masse et spécialisation souple*, Hachette, 1989）〔山之内靖編訳『第二の産業分水嶺』筑摩書房、一九九三年〕.

（8）自由主義的生産性至上主義モデルのピーク期における賃労働関係の世界的な状況について、J.-M. CHAUMONT et P. VAN PARIJS (dir.), *Les Limites de l'inéluctable. Penser la liberté au seuil du III*e *millénaire*, De Boeck, Bruxelles, 1991. に所収されている Alain LIPIETZ, « Les rapports capital-travail à l'aube du XXIe siècle » を参照されたい。この研究は国連大学の研究センターであるＷＩＤＥＲの枠内で展開された共同研究の成果である。

2 「トリクルダウン蓄積体制」とクレジット経済

フォード主義では、社会的需要は大衆消費によって主導され、そして大衆需要は平均的な生産性と同じテンポで上昇する賃金に基づいていた（生産性とはたとえば一年間における労働者の生産した商品の量である）。労働者の賃金は団体交渉によって決められており、最低賃金の伸びによって影響を受けていた。ところが自由主義的生産性至上主義モデルでは、賃金の上昇は生産性の世界的、平均的なレベルにおける上昇よりもはるかに低かった。そこから、世界的な付加価値のなかで利潤部分が増大することになった。その結果、一九二〇年代の「熱狂 Années folles」、「怒号する一九二〇年代 Roaring Twenties」のように「うなるような」成長が起こった。

生産性の上昇は、世界の北西部においてはっきり停滞した。だが、中国やインドなど巨大な空間において生産性は大きく上昇した。そして賃金はアメリカ合衆国全体で実質的には低下しなかったし、西ヨーロッパではわずかながら上昇し続けた。第三世界の新興諸国（あるいは、旧社会主義諸国）のもつ重みは世界生産のなかで大きく上昇することになった。これらの国では賃金はかなり早く上昇したが、先進国よりも一〇倍あるいは五〇倍低い水準から引き上げられたのだった。（たとえば情報産業において）アメリカの企業が中国で組立てる場合、賃金が占める割合は減少している。中国やアメリカの賃金が上昇しても、中国の労働者の数はますます多くなっているからである。そして、「工場の海外移転」の恐れがアメリカやヨーロッパの労働者の賃金に影響を与えている。その結果、社会保障制度予算が削減され、基本的サービスを低料金で提供していた公共部門が解体されることが「正当化」される。

このような事実のために賃金と利潤の間の乖離が拡大する。そして自由主義的生産性至上主義モデルは、われわれを一九二八年の不平等な構造にまで追いやるような「大いなる後退」として理解することができる。[9] これらの巨大な利潤は、一方では、資本の所有者たちに配分される。そして、彼らによる支出は奢侈品を生産する部門やレジャー産業で働く労働者に対して支出される（トリクルダウン）。もう一方の利潤の部分は、生産的な企業に再投資される（つねに、ではない）。この場合においてさえ、資本の所有者は自分の目の前で十分な有効需要がしっかり増大しているか否かわかっているわけではない。

（9）自由主義的生産性至上主義モデルのアメリカにおける状況について、つぎの論稿を参照されたい。Robert REICH « The limping middle class » (*New York Times*, 4 septembre 2011). 彼は政治的な帰結についても説明している。他のOECD諸国では、賃金と利潤の乖離はこれほどひどく広がらなかったが、ほぼどの国でも、広げられた。Eckhard HEIN, « Redistribution, déséquilibres mondiaux et crise économique et financière : plaidoyer pour un *New Deal* keynésien », *J. International de Recherche Syndicale*, n° 1, vol. 3, 2011. を参照。

要するに、フォード主義では大量消費という言葉が示すように、経営者たちは賃労働者の支出（彼らの大量消費）によって生活できるのに対して、自由主義的生産性至上主義モデルでは、労働者は富裕層やミドルクラスの支出のおかげで生きることができる。したがって、数多くの国や地域において観光業ほど魅力的な職業は存在しないことになる。だが、おこぼれだけでは大量の投資に対して大量の有効需要を実現するために、需要が量的に不足している。したがって貧しくなった大衆やミドルクラスに対して支払不足を補うために個人にクレジットカードを配布しなければならない。これらの貧しい階級はフォード主義的な夢を追い求めている。そしていつか富裕層の消費水準ではなくても、彼らの消費スタイルに追いつきたいと思っている。そして銀行はこの願いを悪用して、彼らにクレジットカードを販売しつつ、利益を引き出す。自由主義的生産性至上主義モデルは、このようにフォード主義と同様に消費追求的でありかつ生産力的である。だが、これはクレジットによる成長の「先取り」であり、団体交渉を通じた成長の実現ではない。成長の実現こそ、成長が安定するための条件である。

3　新自由主義

フォード主義は（「組織された資本主義」と言われたように）「うまく調整されていた」。団体交渉と法律による最低賃金が賃金の上昇を支えていた。そして、社会保障制度により労働者はほとんどいかなる状況においてもよき消費者であり続けることができた。その反対に、自由主義的生産性至上主義モデルでは、公的で契約的な調整は徐々に消滅することになる。第二次世界大戦前の典型的な自由放任の時代のように、市場の自動調整力への信頼が強くなる。つまり、雇用の需給を調節するには需給法則だけで十分であり、市場が実際の需要に対して相異なる産業を調整することになる。

だが、事実は異なる。第一次世界大戦前の古典的な自由主義の時代と同様に、「景気循環」が再現することになる。一九八〇年から二〇〇五年の時期はかなり厳しい「小危機」によって区別されている。すなわち、「金融バブル」が世界中で周期的に爆発した。しかし、新自由主義は、フォード主義的、ケインズ主義的な調整方法による加護を忘れてはいなかった。公共支出が高い水準で維持された（「租税ダンピング」と呼ばれるように、自由競争の名のもとに各国の財政システムのなかで減税が実現したので、これらの公共支出は借金によって資金調達された）。そして個々の消費者もまた、民間の信用制度の拡大によって巨額の貨幣供給を受け取ることができた。

民間銀行は、家計、企業そして政府に貸し付けを行なうことによって貨幣供給すなわち貨幣量（コラム1　貨幣とは何か参照）の増加に貢献している。こうした貸付によって実際の生産が可能になり、その一部は銀行の手に戻る。銀行に戻るこの部分は「貨幣鋳造権（セニュリアージュ）」と呼ばれていて、紙幣の発行者に属する利益である。この用語は中世でよく使用されていた。中世の領主たちは金属の重さを上回るような額面価値を金属貨幣に与えていた。同様に、資金を必要とする政府や実体経済に貸出する銀行は銀行間市場で借り入れをして資金を調達する。そして、（政府、家計などへの）貸付金利とまったく安全な借り手に貸し手である銀行が与える金利との差額がスプレッドと呼ばれている。理論的にスプレッドは借り手の破綻リスクによって正当化されている。

コラム1　貨幣とは何か

商品の販売とは、その価値を承認してもらうことである。商品の買い手が少なくとも一人見つかると、社会にとり、その商品を生産するだけの「値打ちがあった」。そして、買い手は何らかの同一の価値物を売り手と交換しなければならない。貨幣は「この何か」であり、二つの特徴を持つ。すべての人が交換において貨幣を受け入れるゆえ、貨幣の所有はそれ自体価値があるので、貨幣は価値表現の力を持つ。そして、貨幣は価値を代表する力をもつ。だが、貨幣の質は何世紀もの間に大きく進化した。このことを理解するための最も単純な方法は歴史的展開をたどることである。それほど、貨幣の発明の歴史は現在使用されている貨幣・金融の語彙を大きく支配しているし、貨幣に関するプルーデンス・ルールも支配している。

まず最初、貨幣は金や銀のように、金属の性質（濃度、硬さ、輝き）にしたがって社会的に選択された商品であった。ついで、公権力が金の重さが正しいことを承認して、硬貨に検印を押した。公権力が「貨幣を鋳造する」。やがて、領主は、金属鋳貨に付されている自分の押印だけで、価値を与えるだけでなく、金属貨幣に代わって価値量を表現できることを理解した。そして、彼らは金属のほんとうの重さや貴金属の重さを「削減」できることを理解した。そのことによって交換に大きな混乱が起こるわけでもなく、とくに、軍隊の備品の支払いにも困ることはなかった。削減されているが公式の貨幣と交換に実際の富を手に入れることは「セニュリアージュ」（貨幣鋳造権）と呼ばれている。周知のように、このように削減された貨幣は合法であり、「強制的」に流通する。法律によってこれらの貨幣は受け入れることが強いられる。

並行して、企業家が自分で署名した紙（「証書」）が貨幣のように流通できることに気づく。たとえば、うまくいく企業に対して、納入業者は信用を供与する。その代わりに、納入業者は借用証書を受け取り、この借用証書が企業の将来の顧客によって貨幣として喜んで受け入れられる。銀行はこの借用証書と引き換えに（金貨など）ほんとうの貨幣を与えることができる。これが、銀行の「手形割引」である。そしてこの借用証書は、この銀行がほんとうの貨幣がほしいとき、さらに別の銀行で再割引することができる。こうして銀行は割引を繰り返して、実体経済、生産的企業、政府に対して信用を与える。そして、信用を与えた企業に対して、企業の成功を先取りする。このような「事前的価値実現」によって紙幣が生まれる。紙幣の流通は、交換を容易にすることによって、自動的な価値実現が予測される一般的な状況を生み出す。そして、債務者である企業はこの状況に到達して、返済が可能になる。

かくして、国家の実践によって、強制的に通用する貨幣として、ほんとうの価値をますます含まない貨幣称号が生まれる。また、銀行の実践によって、ほんとうの金属貨幣に代わってつねに一層広く使用される紙幣が発行される。そして、まったく純粋の信用貨幣として銀行口座や（物質的な価値のない）長方形の紙が銀行と経済主体の間を流通するようになる。「鋳貨を作る」のではなく、「輪転機を刷る」ことになる。

もちろん、こうしたことは、人びとがこれらの称号に与える信用にもとづいている。これらの交換の回路がうまく閉じられる、つまり信用がうまくいくという一般的な信頼である。そして、この信頼がうまく実現しないことが周期的に起こるのは当然である。ある場所や他の場所における実体経済の行き詰まり（原料の不足、顧客の好みの変化による市場の崩壊など）は連鎖的な倒産と信用貨幣の崩壊を引き起こす。したがって、信用貨幣である「紙幣」はきわめて長期間金や銀など具体的な金属と密接な関係をもっていた。泳いでいる人は「足が地に着く」ことを好むように。

一九世紀になると、貨幣、紙幣、信用貨幣のシステムが階層性にしたがって機能することが理解されるようになる。商業銀行は経済や（国家に対して）信用を供与するのに対して、中央銀行は、国家の権威を受けて、合法的で強制力をもつ公認の貨幣を発行することができる。そして、銀行（と大企業も）は中央銀行で銀行の保有する紙幣を再割引することができる。中央銀行の発行する貨幣は金と同様の評価を受ける。したがって、一九三〇年代まで、銀行は紙幣と金を交換することを受け入れていた。だが、とくにこのことは多国間で不均衡を調整する中央銀行の間では、ほんとうの貨幣である金による支払しか認められないことを意味した。これが、金本位制である。

二〇世紀になると、この最後の制限が徐々に外される。まず、当時の経済大国であるイギリスのポンドは国際交易において「金と同様に」受け入れられていた。だが、一九三一年、イギリス銀行はポンドと金の交換を停止する。その結果、世界の通貨圏は分断されることになった。第二次世界大戦後、アメリカ合衆国がドルを「金と同じように」押し付けることになる。これが、金交換本位制度である。だが、一九七一年、アメリカ自身がドルの金との交換性を放棄する。もはや信用貨幣しか存在しなくなる。国際通貨システムは「足が地に着いていない」ので、泳ぐか、沈む状態に至った。

このような動態的な変化において、経済的主体、企業、国家が借入しつつ「貨幣量」を発行するのがわかる。経済主体が向かう銀行はほんとうの貨幣（金あるいは中央銀行の貨幣、「ベース・マネー」）を与える力があることを知ってもらう必要がある。企業に対する手形や政府の借入証書を銀行に持ち込む場合、必ずそうである。だが、これがうまくいかないことがあるので、銀行はこれらの証書を中央銀行の貨幣と再割引することができる。中央銀行は、自分が知らない企業の借り入れを「先取りして価値実現する」以上のことをする。中央銀行によるこれらの企業の「擬似的価値実現」である。中央銀行の貨幣が供給され、それが通常の貨幣と同様に流通して、銀行が与えた手形と交換され、通貨圏における借り手と貸し手の賭けがうまく実現したことを意味する。企業は商品をうまく販売でき、政府は債務を返済することができ、さらに銀行も相互に決済できたことになる。

商業銀行が貸付や手形割引において行なう事前的価値実現と中央銀行が再割引する擬似的価値実現はまったく異なる二つの操作である。まず、前者である事前的価値実現について、ミクロ経済的なプルーデンス（借入者の返済可能性に関する分析、あるいは企業の成功する確率）が要求され、後者の擬似的価値実現については、諸収入の整合性、経済全体の借入が蓄積体制の枠内に収まっているか否かなどマクロ経済の分析がそれぞれ必要になる。

この二段階のシステムは（「二重サイン」と言われるように）信用貨幣を信頼するための基本的なプルーデンス・ルールとして長きにわたって機能した。このような理由によって、一九七一年金と貨幣の最後のつながりが放棄されたときにも、この二重サインのルールが一般化されたのだった。数多くの国において、政府は中央銀行から直接資金を調達することを放棄している（中央銀行はそれと引き換えにいつでも中央銀行の発行する紙幣が金やドル準備と交換しうることを証明しなければならなかった）。その結果、政府は信用を供与してくれる銀行を見つけなければならない。そして、財務省の発行する借入証書（国債）を引き受けた銀行は、中央銀行に割引を受け入れさせねばならい。

これは大まかなルールであり、厄介なルールである。民間銀行は中央銀行に対して、中央銀行を保証する政府よりも大きな権限を有している。したがって、政府を支える納税者よりも大きな権限を有していることになる。だが、他方では、「単一のサイン」だけではうまく行かない。政府が中央銀行のもとで財政赤字を自動的に資金調達する（これは輪転機による資金調達である）と、たとえば、経済が戦争で壊滅しているとき、あるいは政府が富裕者に対して課税する力も意思もないとき、さらに、中央銀行が中央銀行の紙幣と引き換えに金や強い貨幣を与えることが強制されなくなるとき、このような国の貨幣は崩壊する。国内では、国民的貨幣はますます数少ない商品と交換される（インフレ）。インフレと通貨切り下げが組み合わされると、ハイパーインフレとなり、貨幣と信用が消滅する。

つまり、民間の信用がほとんど強制的に通用するような民間の貨幣となっている（実際民間の信用リスクについて問題になることはほとんどない）。そして民間の銀行はセニュリアージュや政府債務に対してさえも、スプレッドで対応している。その結果、実体経済が生み出す付加価値の一大部分は民間銀行によって吸収されているのであり、賃金が付加価値に占める部分、さらに企業の利潤が占める部分も相対的に減少している。

金融資本の力が強大になるにつれて、金融資本は実体経済から自立するに至っている。そしてますます複雑、難解になる金融操作を発案して、あらゆる金融規制から逃れようとしている。このようなメカニズムを通じて金融資本は自己を見失うほどである。だがこのメカニズムを通じて金融資本は一定期間世界の所得の一大部分を吸収し続けることになる。

4 チャイナメリカ

一九八〇年代初めにおけるフォード主義から自由主義的生産性至上主義モデルへの移行は、やがて世界経済に起こる二つの重要な出来事によって主導されることになる。第一に、第三世界における「新しい工業化」の普及である（このことは一九七〇年代における最初の「新興工業国」NICsとともに始まった）[10]。第二に、一九八〇年代末ソビエト帝国とその経済モデルの崩壊である。そこから世界的な競争力の階層が再編成され、世界の工業生産と政治的権力も再編成されることになった。

（10）私の著作、*Mirages et miracles. Problèmes de l'industrialisation dans le tiers monde*, La Découverte, Paris, 1985［若森・井上訳『奇跡と幻影』前掲書］. を参照。その当時、第三世界の工業化を信じた経済学者はほとんどいなかった。

ドイツと日本はこうした競争力の上位を維持することができた。というのも少なくとも一定の分野では技術パラダイムとしてフォーディズムに代わる「交渉にもとづく参加」モデルを実現することができたからである。ドイツと日本の競争力は、はっきりアメリカよりも強くなった。

この自由主義的生産性至上主義モデルへの移行において、アメリカやイギリスやフランスは自国の産業が技能形成の低下に向かうことを受け入れた。そして高い技能を伴う工程ですら新興工業国に移転された。その結果、これら諸国の貿易収支は構造的に赤字を記録した。

旧ソ連が崩壊したことによって、中国とインドはグローバルに貧困が拡大するなかで一種の周辺フォーディズムに向かった。ただしロシアはこれらの国に続かなかったので、資源輸出国にとどまっている。

アジアでは最初の新興工業諸国が自国の対外債務のレベルに応じて自国の輸出工業を育成し、調整できたのに対して、ラテンアメリカ諸国は一九八〇年から九〇年にかけて厳しい構造調整を実施しなければならなかった。とはいえ、二一世紀初めになって、韓国の危機や（ラテンアメリカ諸国における）「テキーラ」危機のあとで、大半の新興工業国は債務を支払うことができて、それ以降巨額の貿易黒字を累積している。これら「新興諸国」はしたがってかつての支配諸国の債権者になっている。

こうした逆転が可能になったのは、アメリカ国内の主要経済主体が持続的に赤字に陥っているからである（つまり、賃金の停滞が原因で家計は赤字である。減税のプラス効果に関するレーガン的な信頼によって政府も赤字である）。その結果アメリカの貿易収支も赤字である。だが、アメリカの連邦準備銀行が主導している超低金利政策によって「クレジット経済」さらには「カジノ経済」の発展が助長されている。

アメリカはクレジット経済に甘んじることができる。一九八〇年代のラテンアメリカ諸国には決して真似することができなかったような赤字レベルであり、毎月の債務レベルは高水準に達している。新興国(とくに中国)は準備通貨あるいは国際的な一般的等価としてドルにかわる代替的な貨幣を持っていない。かつて金がそうであったように、ドルだけが世界中で受け入れられる。これはドル交換本位制 Dollar Exchange Standard である。そして、中国の中央銀行は自国のドル建て外貨準備を転売することができない(その際ドルの価値が低下するリスクがある)。そして、中国人民元の為替レートをドルに対して過剰に低い水準に維持している。その結果、中国製品の競争力は改善され、アメリカ人は中国人の労働の成果を低価格でしかもクレジットで買うことができるようになる。このように不安定な均衡は、現在の自由主義的生産性至上主義体制の世界的な構図の土台である。この土台はときに「チャイナメリカ Chinamérique」と呼ばれている。

第2章

自由主義的生産性至上主義モデルの危機

このモデルの崩壊について内生的な説明を数多く行なうことができる。このモデルが崩壊したことは、(リカードやマルクスのような) 一九世紀の経済学者がすでに明らかにしていた数多くの矛盾の蓄積にもとづいている。むしろ、市場の自動調節力への強い信仰が驚くほど成功を収めたことは奇跡的であった。この自由主義的生産性至上主義モデルは一九二〇年代の怒号の時代 (すなわち熱狂の一九二〇年代) にきわめて類似している。この一九二〇年代の自由主義モデルは同じような信仰を受けていたが、一九四四年にカール・ポラニーによって批判されるように、一九三〇年代の劇的な大恐慌において崩壊するに至った。(1)

(1) Karl POLANYI, *The Great Transformation*, Beacon Press, Boston, 1944 (traduction française : *La Grande Transformation*, Gallimard, 1983) [カール・ポラニー『新訳大転換』野口武彦・栖原学訳、東洋経済新報社、二〇〇九年].

たしかに、二〇〇八年リーマン・ブラザーズ銀行の破産時において人びとの頭にあがったのは、一九二九年の暗黒の木曜日について受け入れられていた説明であった。もちろんこのような説明は、現実の一定の側面を説明していた。大危機はつねに数多くの「層」から形成されている。だが、現在の危機において二〇世紀の危機においてまったく見えていなかった新しい側面が生まれている。すなわち、ひとつ、いや複数のエコロジー危機の悪化である。

これは絶対的に「新しい」ことではない。それは、一八四八年の危機にいたるまで、危機の一般的な性格であった。だが、発達した資本主義にとっては新しいことである。そして経済学者たちの標準的な考え方だけでなく、マルクス経済学、ケインズ経済学そしてレギュラシオン経済学でさえ一八四八年以降のすべての危機に関する分析においてこのエコロジー危機を無視することができたほどである。

1 深刻な金融危機——現在の危機の支配的説明

クレジット経済レジームである自由主義的生産性至上主義モデルは、そのもっとも明らかな短所である債務危機が原因で崩壊するよう余儀なくされていた。すなわち債務危機が企業の膨大な倒産を引き起こすことにより、ついには信用収縮を意味するクレジット・クランチを引き起こすことになる。

債務危機は二〇〇七年以降表面化した。アメリカ社会の低所得者である貧困層と貧しくなった中流階級がサブプライムレート（すなわち、「サブプライム」＝最良ではない、という甘い婉曲表現）でマイホームを購入したが、そののちマイホームのローンを返済できなくなったことがわかった。これらの世帯は返済が不可能であることがわかるに至って、自分たちの住宅を何百万戸も手放した。数多くの家が売りに出されたので、住宅価格は暴落した。そして債権の価値も同様に暴落した。そして銀行の金融システムが「現金不足」に陥った。言い換えれば、これらの住宅の債権にもとづいて作られた複雑な金融商品を貨幣に実現することができなくなった。ところが、銀行はこれらの金融証券を相互に売買した。そしてその間かの有名な格付け会社はこれらの金融証券の価値がまったく問題ない、と評価していた。金融証券はほんとうの貨幣と思われていた。伝染病のように世界中の銀行はいまやどれだけの価値があるかわからなくなっているこれらの「有毒な」金融証券を受け入れざるを得なくなっている(生命保険会社も個人に対してこれらの金融商品を売っていたし、年金資金ファンド会社もそうであった)。銀行は必ずしも「支払い不能」の状態にあるのではない(銀行はこれらの金融商品に加えて他の証券を資産として保有している)。だが、これらの金融証券を銀行間で売買することはできなくなっている。また相互に貸し付けることもできなくなっている。そして、銀行は(ドルやユーロのような)「ほんとうの貨幣」を必死になって獲得しようとしている。ほんとうの貨幣とは、主要な中央銀行が保証している紙幣のことである。これは「流動性の危機」と呼ばれている。

各国政府は(二〇〇八年九月)リーマン・ブラザーズ銀行の救済を拒否して、経営者たちのモラルハザード(2)と闘おうと試みたけれどもうまくいかなかったし、それどころか、その後、地球規模での金融システムの救済に駆けつけなければならなかった。支配的な経済学者たちがここから引き出した結論は単純である。市場は機能しているが、市場に存在する一定の経済主体は危機のサインを見失うほど先見の明に欠けている。これはすでに一九二九年に支配的であった説明である。二〇〇九年から二〇一〇年にかけて、現在の危機の主流派経済学による分析もこのようであった(主流派とは、その説明がもっとも受け入れられているという意味)。「この事態をいつものようにビジネスで回復させよう。ただ、今回はどこに足をおくか注意しよう」。

(2) アダム・スミス以来、経済主体が契約関係において「非倫理的に」行動するリスク、すなわち、契約を交わした相手に対して、この契約による責任が弱まることによって、過剰なリスクを負わせることを「モラル・ハザード」と呼んでいる(あるいは、「モラルのリスク」)。これは、リスクを抱えるすべての保険者の典型的な状況である。大銀行は「すべてのリスクがカバーされている」と思っているので、政府によって、「ツービッグ・ツーフェイル」の原則にしたがって無償で救済されると思っている。つまり、大銀行を破産させると、貯金を預けていた人たち、月給を預けていた人たちの破産も引き起こすことになり、連鎖的にシステム全体が崩壊することになる。G・W・ブッシュが「見せしめのために」リーマン・ブラザーズを破産に向かわせたとき、まさしくこのことが起こった。

より賢明な人たち(とくにケインズ経済学者たち、レギュラシオン経済学者たち)は、このような単純な結論を明確に修正してさらに次のように述べる。「事態が順調に進展するとき、爆発的で自己実現的な金融バブルが形成され、信用の過剰によって(土地、株式そして芸術作品にいたるまで)投機的資産の価格がインフレ的な上昇を引き起こす。そしてクラッシュがおこり、信用が収縮するに至る。われわれが予想していた通りである。」これらの経済学者たちは専門用語を使ってミンスキー(3)の景気循環における危機を持ち出してくる。ミンスキーの景気循環とは、リスクの過剰な負担と危機の後における過剰な慎重さの間の景気循環である。ここではもはや一定の人びと(銀行家たち)の慎重さの欠如やモラルハザードが批判されるわけではない。だが、「犯罪を生み出す」ように、システムが盲目的に機能している(この点についてコラム2 **カレツキ、ケインズ、ミンスキー**を参照)。解決策とはつぎのようである。すなわち一定の債務の帳消しあるいは償還の先送りによってゼロから出発する。その際、一定の債権者と債務者は破産する可能性がある。だが悲劇的な結末を伴うリスクは存在しない。そして、より厳格なプルーデンシャル・ルールが（国際的レベルで）作成される（金融はかつてないほど国際化している）。そして預金銀行と商業銀行が分離され、CDS（クレジット・デフォルト・スワップ）のようなコントロールできない金融証券にもとづいて信用を供与することを拒否する。そしてこれらのCDSをデリバティブ商品に埋め込んで再販売することも禁止される。これはいわば「スーパー・グラス・スティーガル法[4]」であり、一九三〇年代のニューディールと比較されている（この点について、第5章でより詳しく検討される）。

（3）Hyman MINSKY, *Can « It » Happen Again ? Essays on Instability and Finance*, M. E. Sharpe, New York, 1982. 二〇〇八年は「ミンスキーの反逆」の絶好の機会だった。Michael HENNIGAN, « The credit crisis. Denial, delusion and the "defunct" American economist who foresaw the dénouement », <http://www.finfacts.ie>.

（4）グラス・スティーガル法とは、ルーズベルトのニューディールの（一番最初の）重要な改革である。ローカルな預金銀行と商業銀行を分離した。商業銀行は地元の人たちにリスクを負担させることなく、自由にリスクを取ることができた。この分離は自由主義的生産性至上主義モデルのピーク時に先立って廃止された。

コラム2　カレツキ、ケインズ、ミンスキー

イギリス人経済学者J・M・ケインズの『雇用・利子・貨幣の一般理論』は、大恐慌の真只なかであった一九三六年に出版され、ルーズベルト大統領のニューディールの実施に大いに役立った。ケインズは資本主義経済の機能に関する支配的な考えを刷新し、市場経済にもとづく先進諸国すべてにおけるフォード主義の時代である「黄金の三〇年」のレギュラシオンに奥深い影響を与えた。

まずケインズは、ポーランドのマルクス経済学者であったミハエル・カレツキと同様に、市場経済において、生産に対して所得が存在するだけでは不十分であるという考えを重視した。所得を持つ人たちがさらに「実際に」支出して、消費、投資する気持ちにならなければならない。カレツキが述べたように、賃労働者の側にはまったく問題がない。だが、資本家は投資をためらうことができる。そして、資本家が支出しなければ、設備財の生産者は製品を販売できない、そして経営者全体の利益は縮減して、連鎖的な反応が続く。カレツキによれば、「賃労働者は稼いだものを支出するが、資本家は支出するものを稼ぐ」。

つぎに、ケインズの理論は、個人の起業家にとり正しいことが経済全体にとり正しいと信じる近視眼（「合成の誤謬」）を避けることを結論づけた。企業が賃金を下げれば、この企業の競争力

は強くなり、売り上げは増加する。そして、すべての企業が同じことをやれば、市場は崩壊する。国際貿易についても同じことが妥当する。すべての国が賃金を下げて輸出を増やして、雇用を増やすことになれば、その結果は破壊的である。同様に、労働者が「もっと働いてもっと稼ぐ」「フランスのサルコジ前大統領（二〇〇七から一二年）の経済政策であり、主として中小企業における残業手当に対して税・社会保障負担を免除した」ように誘導される場合、彼らの子供の世代は失業にとどまり、家族の収入は減少する。この意味において、ケインズはマクロ経済学を生み出した。

そうだとすれば、いかにして恐慌から脱出するのか。国民所得において、自分たちの稼ぎを支出する人びと（賃労働者）の所得を増やすとともに、経営者に対して公共支出プランの展望を提示する、さらに、投資家がリスクを取れるように利子率を下げる。中央銀行は短期的に少なくとも、公定歩合を通じて利子率を固定させることができる。政府は一時的に財政赤字が増えても、支出を増やすことができる。これら二つの政策（金融と財政のポリシーミックス）にしたがって経済を回復することができる。ケインズはしたがって経済政策を生み出した。

ケインズは、理論と理論から派生して（不況や停滞における）経済政策にもとづく処方箋を区別することを強調したにもかかわらず、「ケインズ政策」を有効需要と金融緩和を刺戟する措置に同一視する傾向がある。まず、公共の有効需要は必ずしも財政赤字を意味しない。資本家が利益を支出しようとしないとき、余剰資金を抱える階級に対して課税するような財政均衡政策を取るだけで、有効需要を増加することができる。その反対に、ケインズは緩和的な金融政策が必ずしも投資の拡大を引き起こさないことを強調していた。金融緩和による利益を得ている人びとは流動性の状態で利益を維持しようとする（「流動性のわな」であり、二〇〇九年以降の支配的特徴である）。さらに、よくないことに投機市場に投資される（土地、住宅、新技術など流行となっている株式、農産物在庫への投資）。その結果、これらの資産価格がインフレ的に上昇して、しかも成長は起こらない。これが、「投機的バブル」である。

とはいえ、ケインズの思想の主要な特徴は、経済活動の成長を許容する条件としての貨幣創出政策にある。ケインズは一九一九年ベルサイユ条約の交渉にイギリス側の代表に参加して以来、ドイツに過大な債務を押し付けることに反対していた。ドイツは「経済の引き締め」を実施しつつ、世界に対して純輸出国であり続けなければ、この過大な債務を返済できない、というのがその理由であった。これは世界の他の国ぐにとって受け入れられないことであった。ケインズはしたがって、債務に関してつねに寛大な態度を取り続けることになる。そして、彼は最後の貸手である中央銀行が発行する純粋の信用貨幣を支持することになる。第二次世界大戦後において、彼がアメリカとの交渉においてその設立を提案した国際通貨システムによれば、ＩＭＦ（国際通貨基金）がすべての国に対して、金との結びつきの弱い信用貨幣であるバンコールを配分することになる（いわば、局地的な交換システムの立ち上げにおいて引出権を配布するのと同じである）。ケインズの提案は受け入れられなかったが、ブレトンウッズで採択された妥協によって世界的な不況を持続的に阻止することができた。

ポスト・ケインズ派のハイマン・ミンスキーは投資家の心理にまさしく分析の焦点を合わせている（ケインズは投資家の「アニマル・スピリット」と言っていた）。この心理状態は楽観と悲観のサイクルを経過する。事態が順調に経過している場合、貸し手と投資家のリスク不安は弱まるので、過剰な活動が実際に可能になるが、やがてリスクの大きな投資の現実的な価値実現に対する不安が大きくなるに至る。そして、期待は反転して、誰もが「流動性」を必死になって手に入れようとする。つまり、資産を貨幣の形態で持とうとする。企業の成功の見込みを人びとはますます信じようとしなくなる。信用が引き締められる。最大のリスクを取った人たちは破綻する。景気は後退し始める。ミンスキーが『不安定経済の安定化』（一九八六年）のなかで説明しているように、安定が不安定を生み、資本主義そのものは政治的なレギュラシオンを欠いている場合、自然発生的に不安定化する。

この場合、分析と同様に、解決策も正しい。だが、それだけでは不十分である。[5] なぜ貸し手はそれほど貪欲なのか、なぜ借り手は過剰な債務を受け入れるのか。貸し手（とくに年金ファンド）は資金の供給者たち（金利生活者や定年退職者たち）に対してお金を収穫しなければならないからである。そして、借り手たちは過度の貧困状態にある。債務経済において問題の根源は金融にあるのではなく、（納税の以前と以後における）所得の分配がうまくいっていないことにある。当初における有効需要の不足にもかかわらず、自由主義的生産性至上モデルが機能できたのは、貧しい消費者たちが消費者ローンをたやすく獲得できたからである。だがすべての消費者ではない。地球の南側における新興国の貧しい労働者たちは排除されている。消費者ローンを獲得できるのは、世界の北側と西側のミドルクラスそして貧困層である。われわれはしたがって一九三〇年代と同様に賃金と利潤の新しい配分を意味するニューディールを必要としている。だがそれは、中国とインドの労働者階級を含むような世界的レベルにおいてである。言い換えればスーパー・ワーグナー法、そして世界的なレベルでのテネシー渓谷開発局、スーパー・マーシャルプランが必要である。[6] かくして、労働者の賃金を引き上げて大衆の債務を帳消しにして、エネルギー開発の公的プログラムを打ち出すことができる。そして世界的に貧困国に資金を移転することができる。

（5）レギュラシオン学派の「創始者」でさえ、危機の分析の焦点を金融の内的矛盾にしぼる傾向がある。したがって、金融のレギュラシオン様式の改革に解決を求める傾向がある。この点は、アグリエッタの研究において顕著である。Michel AGLIETTA, *La Crise, les voies de sortie*, Michalon, Paris, 2010. これに対して、ロベール・ボワイエは、最近の大著のなかで、アグリエッタよりもさらに分析を進めている。Robert BOYER, *Les financiers détruiront-ils la planète ?*, Economica, Paris, 2011［ロベール・ボワイエ『金融資本主義の崩壊』山田鋭夫・坂口明義・原田裕治監訳、藤原書店、二〇一一年、参照］. そして、金融資本の支配が発展モデルの他のすべての諸要因をいかに「変形させ」たのか、について分析している。さらに、金融に固有の規制緩和が発展モデルの他の、社会的、国際的な諸要因とどう組み合されているのかについても分析している。だが、これら両者はともにエコロジーの危機の存在を無視している。

しかも、奇妙なことに、分析の最後において危機からの脱出は環境の分析なしには不可能であると付け加えることを忘れてはいない。これは、「批判的な経済学者 Economistes atterrés」の大半のアプローチである（<atterres.org>を参照）。ギヨーム・デュヴァルのような明晰さはむしろ例外的である。Guillaume DUVAL, *La France d'après*, éd. Les Petits Matins, Paris, 2011.

（6）ルーズベルトとその継承者によるニューディールの三つの重要な改革がある。ワーグナー法は、団体交渉の諸条件を改善することになる。テネシー渓谷開発局は水力発電の巨大公共設備投資である。最後に、マーシャルプランは戦争で被害を受けたヨーロッパ諸国への援助政策である。これらの三つの改革はいずれもアメリカの生産物への有効需要の増加を目的としていた。アメリカの生産はこれ以降世界全体に対して大量生産で供給する準備ができていた。

もちろん、これらのことはすべてほんとうに必要である。中国は潜在的に計り知れない国内需要の可能性を持っている。中国の賃金と労働生産性の間には非常に大きな格差が存在している。そして中国は中央集権的で強力な政府を持っている。中国は対外的な金融の制約を持っていないので、このようなスーパー・ケインズ主義的な景気拡大政策をポリシーミックスとして成功させることができる。だが、地球規模でのニューディール、すなわちアメリカ的生活様式の人類全体への普及はエコロジー的に「維持可能」だろうか。このことによって、つぎの世代の人たちのニーズを満足させる可能性が影響を受けないで、もっとも貧しい人たちを含めて現在の世代のニーズを充足できるだろうか。そのようなことは、できるはずがないだろう。奇妙なことに、「持続可能性」という言葉は「レジーム」

という言葉そのものに固有の概念であるが、経済学では歴史上現段階において初めて問題提起されている。

2　持続可能性という制約の出現

持続可能性という制約は、一九七二年にストックホルムで開催された国連環境会議、そしてローマクラブのためにメドウズ（と共著者たち）が執筆した『成長の限界』[7]の刊行によって、世界の知識人の間で普及するに至った。だが、その当時、この警告はまだ明確ではなかった。そして警告はエコロジー問題の「ソース〔源泉〕」である資源の希少性に中心をおいていた。一九七三年に起こった石油ショックは、フォード主義的モデルが石油供給に依存していることを強調した。だが、原油の供給は地政学的な理由によってのみ制限されていると思われていた（イスラエルとアングロサクソン諸国に対して、アラブ諸国は突然強い連帯を持つことになった。そして、石油産出機構ＯＰＥＣが参加することになる）。この点でエネルギーと原料をめぐる古典的な戦争に比べて新しいことは何もない。資源の埋蔵量を確保すれば、問題は解決される。石油ショックはフォード主義の危機を加速させたことは事実であるにしても、一九七〇年代末におけるフォード主義の危機は石油ショックから生じたと考える人たちはほとんどいない。

（7） Donella MEADOWS *et al., Limits to Growth*, Universe Books, New York, 1972［ドネラ・H・メドウズほか『成長の限界』大来佐武郎監訳、ダイヤモンド社、一九七二年］.

自由主義的生産性至上主義モデルは、当初、いかなる意味においてもエコロジー的な制約を考慮していなかった。この点で支配的な経済理論、レギュラシオン理論、「ラディカル派」経済学も同様である。その反対に、一九八五年から八六年における反石油ショックによって、石油は再び無限に存在するように思えた。現実には石油資源に限りがあることは誰もが知っていた。だがその限界は、政治や経済のカレンダーのはるか先のことであると思われていた。この反石油ショックは、その当時のアメリカのレーガン大統領、ＣＩＡそしてサウジアラビアの謀略であり、自由主義的生産性至上主義モデルの完全な勝利を約束して、ＯＰＥＣの権力を崩し、同様に旧ソ連の石油輸出経済を弱体化させるものとして見なされた。ともかく、このような反石油ショックという考え方が存在したことは、自由主義的生産性至上主義モデルの最初の数年において、世界市場を原油で満たすことはまったく問題ない、と考えられていたことを意味している。

このような流れが変わったのは、酸性雨やオゾン層の破壊、そして一九九二年のリオデジャネイロ地球サミット（環境と開発に関する国連会議）においてであった。エコロジーの問題がこの地球サミットで前面に登場した。エコロジー問題の「ソース」だけでなく、その「シンク」[8]も問題となった。自然資源は希少であるだけでなく、廃棄物の生産、とくに核廃棄物、そして温室効果ガス、これらの問題は、つつましい庶民の生活や地球規模での資本主義的生産の持続可能性にさえ、深刻な脅威となった。ここではもはや地質的な偶然という問題ではなく、（廃棄物を必然的に生産することによってリスクを生み出している）モデルに固有の限界が明らかになった。

（8）一般的にエコロジーの分野で広く利用されているグラフ理論によれば、「ソース［源泉］」から発したフローが行き着いて、固定し、やがて消える所が、「シンク」と呼ばれる［グラフ理論は地球の相異なるサブ・エコロジー・システム（海洋、大気圏、植物界、大地など）における窒素、酸素、炭素の循環だけでなく、大地に関わる太陽エネルギーの循環（温室効果ガスの分析）を説明するために適用されている」。

労働や資本の生産性（すなわち一定の労働あるいは資本を投下してどれだけの生産を行なうことができるかという問題）とは別に、新しい概念が経済学者たちの間で登場する。「エネルギー効率」、「炭素効率」の概念である（「エネルギーの支出や炭素ガスの排出という代価を支払って、何を生産することができるのか」）。つまり資本と労働の矛盾に加えて、[9]「資本主義の第二の矛盾」である資本と自然の関係の矛盾[10]が再び登場することになる。この矛盾にしたがうかぎり、「成長」について大きく期待することはできない。

（9）ヘラクレイトス以来、「弓や竪琴」のように、二つの極をつないでいると同時に対立させる緊張関係が「矛盾」であると定義されている。

（10）James O'CONNOR, *Natural Causes. Essays in Ecological Marxism*, Guilford Press, New York, 1997.

資本と労働の矛盾は、少なくとも一定期間について生産性が上昇すれば解決される。賃労働者たちが単位時間あたり生産する量を増やすことができれば、資本は現在の状態の利益、あるいは増大する利益を保持することができるし、賃労働者に購買力の上昇を与えることもできる。これは、社会的な平和のための物質的な土台である。そして大規模で働くということだけで、労働の生産性は上昇する。そのことによって労働はさらに細分化されるし、仕事を修得する時間は、より長いルーチン的な労働時間のなかで配分されることになるからである。生産すればするほど、効率的に生産できる。これが生産性至上主義モデルのイデオロギーの出発点である。(11)

(11) 生産性至上主義モデルの法則は、ピン生産の例を示したアダム・スミスによって説明されて以降、経験的に確認されている(カルドア・ベルドーン法則)。労働者の専門化を徹底させて、同一の製品を大規模で生産するか、あるいは、労働者による学習をますます早めることによって、類似の製品をより幅広く生産するか、に応じて、規模ないし範囲の経済が出現する。生産性はしたがって最初から生産量、したがって販売に関連して考察されているので、「販路の問題」は資本主義の起源から存在している。そして、この問題は、スミスの時代には遠隔地貿易や植民地において、そして第二次世界大戦以降、フォーディズムでは「植民地化された日常生活」において、それぞれ解決されている。

このような収穫逓増の原理が資本と自然の矛盾を解決できるという見込みはほとんどない。経済成長とともにエネルギーの効率性が自動的に増大するという見込みはない。いかなる物理法則も電車を走らせれば走らせるほど、一人あたりの電気消費量が減るなどと述べていない。それどころか、現在の状況は、マルサスやリカードが一九世紀初めに述べた危機の理論による復讐のように見える。自然資源は逓減的にしか収穫されないので、資本主義的な「借地農家」の収益率は低下していく。つまり、不良な土地を耕すようになると運輸コストが上昇しリスクや廃棄物の管理も必要になり、そしてさらに離れた土地を耕作しなければならなくなる。地代の上昇による利益率の傾向的な低下というリカード理論との違いは、大気圏のように世界的な公共財について現在まで所有者はいなかったので、資本による地球への負荷は少なくとも今日まで無償であるとみなされていたことにある（今日、資本によるエコロジカル・フットプリントの増大と言われる）。そして、原発の被害の費用は基本的に不確定であり[12]、資本に対して事前に保険のための支払いが課されるのではなくて、国家によって暗黙のうちに保障されていた。したがって、資本は地球を奪略して、しかも対価を支払うことなく済ますことができた。専門的な表現になるが、資本は社会的なコストに対して「価格シグナル」を認知していなかった。そして中長期的に（経営者たちにとって）このような横奪は存在しなかった。

(12) 保険の分野ではとくにそうであるが、リスク（一定の掛け金を固定できるような、数量化しうる損害と確率）と、（起こりうる損害について、またその頻度についてもまったく予知できないような）「根源的な不確実性」は、対立する概念である。

（現在われわれが分析している危機によって）「自然に課されたコスト」が明らかになれば、このコストを削減できるような投資や新しい労働の方法が登場して、技術進歩の新しい方向が確定するだろうか。つまり、環境を破壊しないような技術が登場するのだろうか。この場合、このようなグリーン投資のコストは、環境にとり節約的な技術が普及するに応じて低下することは間違いない。たとえば太陽光発電パネルのコストは、五年ごとに半減している。これはパソコンのメモリーの増加よりも遅いけれども、二一世紀初めの現在において最も早い技術進歩のひとつである。

レギュラシオン理論にとって新しい研究領域が出現している。エコロジー的に持続可能な蓄積体制とは何だろうか。このようなモデルのレギュラシオン様式とは何であろうか。「エネルギー（そして温室効果ガス）の効率性」を高いテンポで上昇させるような技術パラダイムがあるだろうか。少なくともGDPの増加率を上回るような技術パラダイムは存在するだろうか。[13]

（13）GDP（国民総生産）とは、一定の地域（国家、EU、地域など）内において賃労働によって当年度において付加された価値である（公務員の場合、賃金によって単純に計算される）。「総生産」であるのは、設備の磨滅を考慮に入れていないからである。この概念は生産されたものの実際の効用を考慮に入れていないので批判されている。この概念は、富の指標ではなく、商品生産ないし賃労働による生産の指標である。

一九九二年以降この論争は、数多くの論者の間で議論が分かれた。エンジニア、科学者たちは、エネルギーの効率性や代替可能なエネルギーのコストの問題に直接検討を加えたのに対して、エコロジーの経済学者たちは（環境税や許可証市場などの）レギュラシオンのモデルを考案した。エコロジーの活動家たちは最も確かなエネルギーとは消費も生産もされないエネルギーであることを強調した。

これらの論者のなかで「代替的なモデル」の全体的な整合性の問題を検討した人はほとんどいなかった。事態は差し迫っていなかった。世界の指導者たちは（一九九二年の）リオの警告を早々と忘れた。そして新自由主義モデルはますます「自由主義的生産性至上主義」モデルとして発展していった。

ところが北西ヨーロッパの異常気象を前にして、保険業界が不安に陥った。[14] 気候変動はもはや将来世代への脅威ではなく、保険産業という部門にとって直接的な問題となっている。その結果、ベルリン（一九九五年）そして京都（一九九七年）における気候変動のための国際会議が成功したのだった。

(14) エコロジーの活動家や政治家が政治の場において提起するのと同じ問題を保険業者は経済の場において提起している。将来起こりうる大きな災害を避けるために、現在いくら支払うことができるのか。そして、すべての人びとにとり、「保険が高くつくのは災害の以前においてだけである」。

残念ながら、このような気候の恐怖の意識よりもはるかに早く自由主義は進展していった。発展様式における変化は世界的なレベルで巨大な政治的動員を必要としたであろうが、WTO〔世界貿易機関〕が設立され自由貿易のドグマが支配するに至って、公共の権力の行動力は低下していった。二〇〇二年、ヨハネスブルグにおける国連会議「リオ＋一〇年」は、自由主義の信奉者とエコロジーの主張者たちの間で引き分けに終わった。その結果、世界的なエコロジー危機は、急速に悪化していくことになる。

3　エコロジー危機の表面化

二〇〇七年頃、新興諸国の「ものすごい」成長は石油生産の能力の限界にぶつかった。二〇〇二年以来上昇し始めた原油価格は前例なき水準にまで高騰した。原油生産が絶対的な限界(これは、「ハバートの頂点〔石油ピーク〕」と呼ばれる)を迎えたかどうかという問題についてここで議論するつもりはない。ともかく、原油生産の増大の可能性は別にしても、明らかに構造的に原油需要は急増していた。エネルギーの源泉の問題と炭素のシンクの問題が一体化して、「エネルギーと気候の危機」となって現れた。

だがこの問題は、より一般的に「エネルギー・リスクの三角形」の一角を構成しているに過ぎない。この三角形の頂点には、(石炭・石油・天然ガスなどの)資源があり、温室効果のリスクと資源枯渇のリスクが存在する。原発に向かうと、事故のリスク、そして原発の廃棄物の未解決の処理問題、そして核兵器の拡散のリスクあるいは核廃棄物のテロリストによる使用などの問題が生じる。最後に、バイオマスの生産(15)について見てみると、土地の利用をめぐって紛争が生じる懸念がある。その結果、エコロジー危機の第二の問題が悪化することになる。この問題は人間にとり歴史とともに古いが、現在の歴史段階において再び現れている。すなわち食糧問題である。

(15) バイオマスとは、光、炭素、酸素、水、窒素によっておこなわれる生物活動に由来する動植物の素材全体である。（太陽によって干すことにつぐ）太陽エネルギーの最も原始的な捕捉のしかたであり、七〇万年以前にホモ・エレクトスによって森林の火事の形で獲得された。

二一世紀初めにおいて、食糧危機はエネルギー・気候問題に関連していた。もちろん飢餓は第三世界において排除されていなかった。フォード主義のもっとも「ルーズベルト的な」時期（ケネディやジョンソンの時期）においても排除されていなかった。もちろん自由主義的生産性至上モデルにおいても排除されていなかった。第三世界の国ぐにに市場原理が押し付けられた結果、これらの諸国において食糧の自立への希望は断たれた（これらの国はまずルーズベルト大統領によって実施されたアメリカ農業の強固なレギュラシオンの仕組みを導入しようとした）。これらの国は農産物の世界市場に立ち向かわねばならなかった。そして二〇〇〇年代半ば、世界市場で食糧価格が暴騰したのだった。

食糧価格が急騰したことは、まず、新興国における需要が増大したことの結果である。これらの国でミドルクラスが増加した結果、「西欧的な」肉食中心の食物レジームが導入された。そして肉のような動物性蛋白質の生産には、伝統的な植物性蛋白質よりも一〇倍広い空間を必要とする。新興国の中でも大国である中国やインドは経済成長を「離陸」させた結果、耕作可能な土地への圧力を明らかに強めている。ところが、同時に気候変動の最初の効果に直面することになった。気候変動の直接的な効果とは、数年に及ぶ干ばつが続くことによってオーストラリアという地球の伝統的な穀倉による供給を困難にした。間接的に言えば、エネルギーと気候の危機への生産性至上主義的な解決とは、バイオ燃料の発展であり、食糧問題を悪化させた。この問題は、アングロサクソン諸国では「土地の利用に関する4Fの優位性のジレンマ」として指摘されている。すなわち（人間の食糧である）フードFood、（家畜のエサである）フィードFeed、そして（機械の燃料である）フュェルFuel、（単なる森林だけではなく、生物多様性と炭素のシンクの倉庫である）フォレストForest。

4Fのつながりが厳しくなったことのマクロ経済的な結果が、食糧価格の高騰であり、さらに、エネルギー価格の高騰と組み合わされた。最も遅れた国ぐににとって悲劇的であったのは、世界銀行とIMF〔国際通貨基金〕によって伝統的な自家用食糧の収穫をやめて、地代のための耕作を優先させるよう余儀なくされたことである。二〇〇七年には、飢餓をめぐる動乱が第三世界を危機に陥れた。その結果、地球の北と西の諸国では生活コストのなかで「食糧」や「エネルギー」の価格が上昇した。さらによくないことに、ますます不健康な食品の消費が増えていった。これらの食品は工業的に生産され、塩、砂糖、油が過剰か、あるいは化学添加物がたくさん使われているか、であった。こうして先進国においても健康問題の危機が生まれることになる。肥満、糖尿病そしてガンの患者が増大することになる。

（住宅はさらに複雑な仕組みで価格が上昇しているが[16]）住宅を含めて基礎的な物資の価格が上昇することは、先進国の一般的な物価指標のなかで見えにくくなっていた。というのも、工場がアジアに海外移転されることによって製造業製品の価格は下降していたからである。だが二〇〇〇年代初めから、世界全体の大衆にとって（節約しようのない）「すべての出費は上昇している」。この時期はユーロが生まれた時期でもある。そして「ユーロが物価を引き上げている」という非難が生まれることになった。ところがそうではないのであって、ドルにおいてもイギリスポンドにおいても同様に「すべての基礎的な価格は上昇している」。それは、エコロジーの二重の危機の表現である。

（16）本書のなかで現在の危機における住宅危機について分析を展開することは紙幅の都合上差し控えたい。住宅危機の連鎖関係は各国の制度的な枠組みに応じて大きく異なる。二一世紀の大危機は二〇〇七年に世界的な飢餓の危機から始まり、超大国アメリカにおける住宅危機として展開された。そして、アメリカ発のサブプライム危機は世界の金融を爆発させた。だが、社会的住宅のための資金調達というサブプライム・システムはきわめてアメリカ的な現象である。私はすでに、『砂時計社会』*La Société en Sablier* (*op. cit.*) のなかで、自由主義的生産性至上主義モデルにおける住宅問題を分析した。社会的住宅の資金調達の問題とは一般的に言えば、そして、とくにフランス的なことであるが、賃金生活者の非正規雇用化と住宅という私的資産の耐久性との矛盾にある。住宅コストの資金調達はきわめて重い。そして、私は（第3章でわかるように）ある重要な問題について分析を訂正している。すなわち、二〇〇〇年代以降実施された低金利による金融緩和政策は低所得者層の住宅危機を解決するどころか、不動産バブルを引き起こして、問題を悪化させた。

アメリカでサブプライムローンによる被害者となった貧しい家計は食費を支払うか、ガソリン代を支払うか、あるいはマイホームローンを返済するか、これらの間で選択しなければならなかった。そして二〇〇七年から二〇〇八年にかけて、彼らは債務の対象となった自分たちの家を銀行に手放さなければならなかった。住宅市場は深刻な被害を受けた。そして、家計の需要に依存していた銀行と住宅産業が崩壊した。

一八四八年以来、資本主義の歴史において初めて、収穫の悪化がブローデルそしてラブルースの指摘する「旧体制の危機」を引き起こした。だが現在の危機において作物の不作は天から降ってきたのではなくて、これまでの数十年間における農業資本主義の自由主義的改革から、そして、工業と都市計画の資本主義的な発展モデルから生まれている。

4　世界の転変と中国の大いなる復活

発展モデルとその危機は、世界経済の歴史そして歴史そのものを読み取る一つの方法に過ぎない。レギュラシオン学派と親交を保ちつつ、ときに距離を取ることもあった政治経済学的な歴史学派がフェルナン・ブローデルの学問的な遺産を土台にして形成された。そして、ニューヨーク州立大学ビンガムトン校にブローデルの名前をつけた研究センターが存在する。この学派の最も著名な人物が、イマニュエル・ウォーラーシュタインである。この学派が考えた理論によれば、さまざまな国家は国家間で経済的金融的関係を作り上げることによって世界を構造化する。それが経済世界である。この歴史学派の考え方は、レギュラシオン・アプローチの対としてみなすことができる。国民的な経済的社会的構成体が発展モデルによって規定されていると考える——その一つの構成要素が国際的構図である——かわりに、互いに競争している主要な経済世界によって定義される国際的な構図が前面に登場している。各国の内在的な特徴（発展モデル）は、その時代における経済世界を説明するための構成要因としてむしろみなされている。

歴史の動態の観点に立てば、（古典的なマルクス主義、レギュラシオン・アプローチにおけるように）発展モデルの隙間から出現する社会集団が権力を把握し、自分たちの利害に近い発展モデルを押し付けるのではなく、むしろ国家が主体となり、国家の利害に見合う新しい世界的な経済的なゲームのルールを押し付けることになる。ここには大きな歴史を語るための二つの方法が存在する。

現在の危機に関して言えば、もちろん中国（そしてインド）がアメリカとヨーロッパのライバルである超大国として出現している。これは明白な事実であると同時に、少なからずの人びとが脅威を抱いている。だがこれは新しいことではない。つまり大危機と世界の国家の序列が逆転していることが組み合わされていることは新しいことではないし、中国が世界的に地位を高めていることも新しいことではない[17]。

（17）ジョバンニ・アリギ（ブローデル研究センター）のつぎの注目すべき文献を参照。Giovanni ARRIGHI, *Adam Smith in Beijing*, Verso, Londres, 2007. 同書のフランス語版がある。*Adam Smith à Pékin*, Max Milo, 2009. 私はこのフランス語版に序文を書いていて、この序文のテキストは私のホームページ（http://lipietz.net）で公開されている。そこで、私は経済世界学派とレギュラシオン・アプローチのつながりについて述べている。

中国は一万年以上前、新石器時代から人類の歴史のなかで最も先進的な中心のひとつであった。そして、旧世界の相異なる中心が相互に関係を持ち始めて以降、絹の道が開通し、アジア亜大陸の南部を経済的に征服して、紀元前二世紀、漢王朝の中国は世界の製造業の中心となった。金・鉛そして銅のような金属は紀元前三〇〇〇年からすでに遠距離間で流通していたし、これらの金属と引き換えに、(兵器、宝石、花瓶などの)工業製品が交易されていた。交易のルートはイギリス諸島からエジプトへ、ガリスからスカンジナビアへ、さらに、天山山脈へと拡大していた。アレキサンダー大王の貨幣はベトナムで発見されている。中国は絹生産の技術独占を長期間維持することになる。費用のかかる恒常的な運輸ネットワークによって可能になった絹の交易の始まりは、はじめて先進的な文明とそれ以外の文明という階層的な関係を作り出すことになる。だがこの関係はいまだきわめて周縁的な関係にとどまっている。そして、「中華帝国」はローマ帝国やペルシャ帝国よりも遠く離れていたので、中国の優位性は具体的に感じられなかった。その反対に、八世紀頃、唐王朝(カスピ海まで軍事進出し、その後、タラスの戦い[七五一年]でアラブ人、トルコ人そしてペルシャ人の連合軍によって打破されることになる)の経済的なパワーは南アジア、そして中央アジアにまで及ぶようになる。そして(西欧の中世ゴシックと同時代である)宋王朝では、ヨーロッパではルネサンス時代になってしか実現されないような、偉大な発明、すなわち紙、印刷機、火薬、羅針盤、船尾の舵、などがつぎつぎと実現した。

だが、それ以降三世紀間、ヨーロッパは中国から輸入した工業製品に対して、アフリカやアメリカ大陸で産出された貴金属によってしか支払うことができなかった。中国の発明を利用して開発されたポルトガルのカラベル船がインド洋に進出したとき、ポルトガルのカラベル船よりも五倍も大きかった中国の艦隊に直接出会うことはなかった。中国の艦隊は、インドの中継港でアラブ商人に引き継がれていたからである。インド自身ムガール帝国のもとで中国と同様産業が盛んであり、綿花と鉄の輸出国であった。だが、今日でも、ルネサンス時代や近代の陶器の食器やその他の備品を骨董品で探すことを「掘り出しものを探す chiner〔chine 骨董品、から派生した動詞〕」と言う。二三〇〇年には、古道具屋で、現在の情報機器が「掘り出しもの」として求められるだろう。もっとも、これらの情報機器はひどい悪趣味になっているはずである。大国中国が歴史から消え去ったのは人類史のなかできわめて短期間である（しかも、それは繰り返されている）。すなわち、一九世紀の初め[18]から、一九四九年以降毛沢東が指導した共産党政権による「覚醒」の時期までである。

（18）少なくともアダム・スミス以降のことである。スミスは、揚子江（上海）と珠江（広東）の中国デルタをオランダと同程度の経済発展であるとみなしていた。オランダは、その当時、西欧を支配する経済世界であり、その後イギリスにより打破された。中国の全体的な優位に始まり、（一七世紀末における）満州王朝初めに至るまでの時期における中国とヨーロッパの「分岐」の諸原因の分析に関して、前掲の文献 Giovanni ARRIGHI, *Adam Smith à Pékin*, *op. cit.* を参照。

だが、一九八〇年以降、中国共産党は毛沢東のライバルであった鄧小平の指導の下で中国経済の自由化に踏み切った。ジョバンニ・アリギやカール・リスキン[19]たちは、中国の経済単位の指導者たち（企業や自治体の指導者たち）と同時に労働者たちが示した進取の能力と中国共産党革命のきわめて特殊な形態にもとづくこれまでの「成果」との間に密接な関係があることを強調している。ジョバンニ・アリギは、前世紀に大産業革命を実現させなかった中国人の「勤勉な」伝統（集約的労働、エネルギーと自然資源の節約）のなかに、現在の中国の優位性の原因を認識するに至っている。中国は、きわめて低水準な商品関係と物質的にひどい貧困から出発しつつ、自由主義的生産性至上主義モデル下の世界の再編成を巡る競争においていきなり競争的地位を確立するに至っている。

（19） Giovanni ARRIGHI, *ibid.* ; Carl RISKIN, *China's Political Economy : The Quest for Development Since 1949*, Oxford University Press, New York/Oxford, 1987.

したがって、中国が世界のヒエラルキーのトップにまで登るには、三〇年あれば十分だろう。この上昇スピードこそが人びとを恐れさせているのだが、すでに見たように、中国にとってみれば、正常な状態に戻っただけのことである。これまでの経済世界の歴史のなかで、歴史の動きははるかに緩慢であった。たとえば古典的自由主義はイギリスとベルギーの台頭による産業革命で始まった（これら両国は一八四〇年における二大産業大国であった）。だがこれら両国は、一八世紀にイギリスとオランダが制覇した商業と製造業の優位を引き継いでいた（ベルギーのアンベルス港はそれよりも早く発展していた）。（二つの世界大戦を通じて）古典的自由主義が終わりを告げたことは、「イギリス継承戦争」であったドイツとアメリカの戦いとして読むことができる。発展モデルとしてのフォード主義のヘゲモニーは、その名において、アメリカのヘゲモニーとの同時性を表現している。[20]

(20) 一九二〇年代からすでにマルクス主義哲学者グラムシは、フォード主義とアメリカ主義のつながりについて強調していた。Antonio GRAMSCI, *Quaderno 22, Americanismo e fordismo*, Editori Riuniti, Turin, 1975［山崎監修『グラムシ選集　3』合同出版、一九六二年］.

フォード主義の危機は生産方法の危機だけではない。ベトナム戦争において敗北することによってアメリカのヘゲモニーは危機に陥った。アメリカはドイツと日本に追いつかれた。これらの国は労働者の技能と知恵を動員しつつ、新しい労働編成の形態を実現していた。だがこの事実は、一九八〇年以降テーラー的労働編成が一層抑圧的になり、しかもそれが成功を収めたことによって見えなくされてきた。しかも、世界経済は金融化しつつあった。アメリカは平凡になった生産機能を海外に移転し、国内の研究所から遠隔的にコントロールするようになった。これらの海外進出は東アジアの新興工業国において行なわれた（四つの虎すなわち、韓国、台湾、シンガポール、香港）。これら四つの虎は東京に中心を置く経済世界に密接に関係していると同時に、ポスト毛沢東の中国の沿岸部の発展に大きく貢献している。

東アジアのこれら四か国は、これらに続く第二世代の工業化の国ぐに（フィリピン、タイなど

ＡＳＥＡＮ諸国）と同様、いずれも小規模国であり、国内市場は限られている。したがってこれらの国は主として輸出指向型である。これらの国は国内市場に向けて方向転換しようとしたけれども、一九九八年の「アジアの風穴」［アジア通貨金融危機］によって突然停止を余儀なくされた。この危機を通じてアジアの新旧の虎は再び輸出を指向した。これに対して日本はその優位性によって自国通貨の切り上げを余儀なくされた。だが、切り上げをコントロールできなかったし、少子化というハンディを背負いこむことによって日本は徐々に弱体化していった（といっても弱体化の水準はまだかなり高い状態にとどまっている）。アメリカは旧ソ連という「もう一つの超大国」が崩壊することによって、地位を保っている。これは先ほどのアリギの言葉によれば「ヘゲモニーなき支配」である。主に軍事的であったアメリカの支配が脆弱化したことは、イラクとアフガニスタンにおける「テロリズムとの戦い」にアメリカが失敗したことによって強調されている。[21] ヨーロッパはアメリカのヘゲモニーを継承すべく一九八〇年にうまくスタートした。その当時のヨーロッパはライン型およびアルペン型資本主義[22]という中心にしたがってうまく秩序づけられていた発展モデルの序列に従っていた。だがヨーロッパはやがて一連の条約（単一議定書、マーストリヒト条約、アムステルダム条約、ニース条約さらにはヨーロッパ憲法条約の挫折）を通じて自由主義的生産性至上主義モデルになだれ込む。これらの条約は政治統合なしで経済統合に徐々に向かうものであった。ラテンアメリカ諸国は政治統合の希望を控えめに表明したために、ヨーロッパと同様の挫折を被ることになる。[23]

（21）私の考えでは、アメリカの衰退はすでに、第一次湾岸戦争にアメリカが介入したことにおいて潜在的に明らかであった。アメリカは、商業的な支配大国であるヨーロッパと日本の「傭兵隊長」として振る舞っていた。私のつぎの著作を参照。*Berlin, Bagdad*, Rio. Le XXIe siècle est commencé, Quai Voltaire, Paris, 1992［アラン・リピエッツ『ベルリン・バグダッド・リオ――冷戦後の世界経済と地球環境問題』若森章孝・井上泰夫・若森文子訳、一九九二年、大村書店］.

（22）Alain LIPIETZ, « Economic Restructuring : the New Global Hierarchy » in P. JAMES, W. F. VEIT, S. WRIGHT (dir.), *Work of the Future. Global Perspectives*, Allen & Unwin, Sydney, 1997, <http://lipietz.net>.

（23）香港で開催されたＷＴＯ［世界貿易機関］の会議（二〇〇五年）は、多国主義のルールにしたがって世界貿易を組織しようとする最後の試みであった。その後、「影響力の圏」にもとづく考え方と現実が復活することになる。この点について、つぎの私の論文を参照。« OMC à Hong-Kong », http://lipietz.net. この会議で、中国の専門家は私に述べた。「われわれはもはやヨーロッパやラテンアメリカについて話すのではなく、ドイツとブラジルについて話すことになる」。

中国はその反対に、あらゆる成長モデルを同時に組み合わせることによって大きな成果をあげている。一九七〇年から一九八〇年にかけて新興諸国が輸出したのと同様に、中国は労働力の低コストを活用して輸出している。そして中国ではミドルクラスの富裕化によって巨大な国内市場が出現している。中国は統一的な国家のおかげで、必要とする巨大なインフラストラクチャーを計画化している。中国は、内陸部で町全体を保存していて、人民のコミューンという毛沢東モデルに従って近代化している。地方市場を担当する企業間の地域的な連帯が存在する。中国のこのような発展の驚異的な速さは第三世界の他の発展モデルを時代遅れにしている。たとえば一九三五年から七五年のラテンアメリカ諸国における国内市場中心の発展モデル、あるいは新興工業国のように輸出主導型の戦略が存在した。中国のこのような現状は、「国内市場と輸出競争力」の組み合わせのもつ意味を再認識させている。この組み合わせによって、一九世紀のイギリスは、西ヨーロッパ最初の資本主義の経済世界となった。

だが、このことによって中国は中国人民の健康をまったく軽視することになり、自由主義的生産性至上主義モデルのエコロジー的な危機をきわめて強く示している。アリギが述べているように、産業革命が一九世紀に可能であったのは、イギリスの経済規模が極めて小さかったからである。イギリスの世界に対する鉱業や農業の富へのエコロジカル・フットプリントは無視することができた。この産業化モデルがヨーロッパ全体そしてアメリカにまで波及することによって、二〇世紀の後半になって問題が生じ始めた。もし中国やインドが一九世紀の初めからイギリスのように産業革命を開始していたとすれば、どうなっていたであろうか。マハトマ・ガンジーはつぎのように答えている。「神の力でインドは西洋のように決して工業化しないことを祈りましょう。イギリスという小さな島国の経済的物質主義によって今日の世界は鉄で維持されている。もしこの三億人（ガンジーの時代のインドあるいは中国の人口は三億人であった）からなる国がイギリスと同じような経済的開発を開始すれば、この国はイナゴの大群のように世界を荒廃するだろう[24]」。

（24）Giovanni ARRIGHI dans *Adam Smith à Pékin, op. cit.* からの引用。

われわれはこのような状況にある。アメリカ帝国は軍事派遣をして、必死の攻撃を行なっている。しかも最新鋭の高価な兵器を使用しているにも関わらず（二度にわたる湾岸戦争やアフガニスタン侵攻は）失敗に終わっている。そしてテロリズムに対する戦いも敗北を重ねているのに対して、中国とインドは世界の舞台に遅くなって登場したにもかかわらず、ラテンアメリカの鉱山資源やアフリカの耕地を平和的に獲得している。（インドと中国の人口は世界の人口の三分の一を占めているがゆえに）これら両国が経済成長を遂げることは食糧と気候・エネルギーという二重の意味で世界的なエコロジー危機の責任を負うことになると同時に、これら両国はこのエコロジー危機の主要な犠牲者になる。現在の中国は、地球上における最大の温室効果ガスの排出国であり、世界で最も公害汚染にさらされている二〇都市のなかに、中国の一六都市が入っている。毛沢東時代の中国を含めて中国の全歴史を通じて中国人が一〇〇万人単位で危機のために餓死することが妨げられなかったことを思い出すとすれば、現代中国は今後二〇年間に生産性至上主義的な発展モデルによってエコロジー的な窒息に陥るリスクがある。ガンジーが述べたように「イナゴの大群のように世界を荒廃する」。そうではなくて、中国がむしろエコロジー革命の成功モデルとなることを期待したい。

5　世界の現況（二〇一二年初め現在）

二〇〇八年末におけるサブプライム危機への最初の対応は相対的に健全であった。突然、どの政府もケインズ政策を取り始めた。政府は銀行にテコ入れして、通貨の崩壊を避けようとした。そして銀行に貯金だけでなく、毎月の生活費を含めてすべての財産を預けていた預金者たちを保護しようとした。政府は「景気回復」政策を実施し、「グリーンな」政策を提言した。けれども、おそらくオバマ新大統領を除けば、どの政府もこの危機にふさわしい（知的かつ制度的な）「ソフト」を備えていなかった（オバマ大統領には、温室効果に対して闘うためにも必要な議会の多数派による支持がなかった）。イギリスのブラウン首相、スペインのザパテロ首相のような社会民主主義者はエコロジー危機と闘う前にすでに国民の支持を失っていた。そして、この時期選出されたばかりのアンゲラ・メルケルとニコラ・サルコジは自由主義者、生産性至上主義者であり、彼らにとりケインズ主義とは均衡予算や古典的自由主義に戻る以前の公共事業に還元されていた。経営者たちや上層のミドルクラスには減税がプレゼントされた。もっとも悲劇的であったのは、ギリシャの社会民主主義勢力を代表していたパパンドルゥー氏であり、二〇〇九年一〇月六日、首相に就任した一一日後に、前首相（保守）がGDPの一二・六％に相当する借金（それはのちになって一五％を上回ることが明らかとなった）とそれ以外にも莫大な債務を残していたことがわかった。その結果、危機の第二段階が始まった。

この時点で、政府が一年間にわたって民間の銀行システムを救済しただけでなく、景気を支えるための財政支出が仕組まれたことによって、旧い先進国では一時的に好景気が出現した。これに対して、新興諸国は依然として力強い景気拡大を維持した。[25]（銀行にとっては少なくとも）危機は終わったようである。「資本主義に倫理を守らせる」という当初の約束は忘れ去られた。そして金融業者の貪欲には手つかずであった。好景気は長く続かないだろうという感情が支配した結果、金融トレーダーたちのボーナスはさらに膨らんだ。一九三〇年代初めと同じように、指導者たちはさらなる自由主義によって、自由主義の危機に答えようとし始めた。さらに困ったことに、二〇〇九年一二月に開催された気候に関するコペンハーゲン会議は、地球全体のエコロジー運動家たち、そして、発展モデルの大きな転換期を迎えているという展望に信を置く新しい産業の主導者たちが積極的に準備したのであるが、あまりにも期待外れの結果に終わってしまった。それまで世界のエコロジーのリーダー的役割を果たしていたEUは、エコロジー的な野心を放棄するに至る。というのも、メルケルとサルコジという二人のリーダーは、石炭と石油に関連するヨーロッパの旧い工業と正面から対決することに全く関心がなかったからである。そして「チャイナメリカ」は、後で述べるように、お互いのブロック政策のなかにエコロジーに関する交渉を押しとどめることになる。

(25) 一九三〇年代のラテンアメリカでも、新興諸国経済の隆盛は顕著であった。中心諸国の国内市場の「過小消費」危機にさいして、新興諸国は、輸出を国内市場の発展によって代替させることができた。中国とブラジルはおそらく早い段階でエコロジーの壁にぶつかる。

二〇一〇年以降、これと基本的に同じ問題が再現することになる。二〇〇六年から二〇〇八年の時期とは異なるが、民間債務は二〇〇八年末になると「政府《ソブリン》」債務に姿を変えた。すなわち国家の債務である。[26] かくして銀行は、救済してくれた国家の手を今度は噛み始めることになる。

（26）強調しておくべき事実であるが、自由主義的生産性至上主義はすでに以前から国家間での「税競争」によって国家の債務を大きく増やしていた。税競争によって、政府は資本、富裕層の負担を軽減したのであり、税反対のイデオロギーによっても直接的な影響を受けていた。だが、ここで一定の類型的なカタログを作成するには、各国間のバラツキが大きすぎる。フランス国家の債務の起源についてつぎの文献を参照。Hervé MOREL, *La France surendettée ?*, Les Petits Matins, Paris, 2011.

二〇一〇年初めの「ギリシャ危機」は（一時的に解決される）「流動性の危機」に加えて、支払い手段の危機として現れた。時代遅れになった発展モデルに投下された信用は、もはや全額は返済されなくなる。ギリシャ危機はさらにヨーロッパにおける政治統合が未達成であることを示している。(27)ギリシャ危機は、ヨーロッパ連邦の枠内であれば簡単に解決できたはずである。二〇〇五年ヨーロッパは連邦主義への（ささやかな）最初の一歩を拒否してしまった。そして政府間のガバナンスの中に逃げ込んだ。政府間のガバナンスとは、言い換えれば、もっとも強力な政府であるドイツ政府の支配下に置かれるということである。ところが、ドイツ政府はさまざまな理由にもとづいてヨーロッパがギリシャの債務を引き受けることを望んでいない。その結果、ヨーロッパは果てしなき危機のなかに追いやられる。そして政治的財政的連邦主義を伴わないで、貿易と金融と通貨の統合を実現するということがいかに非常識であるかが明らかになっている。

（27）ヨーロッパの政治統合の挫折に関して、以下の私の論文を参照。« Les tribulations de l'Europe politique », *Politique*, n° 51, 2007. さらに、二〇一〇年一月から五月までのギリシャ危機の最初の展開について、つぎの私の論説を参照。« Face à la crise : la société civile, l'État, l'Europe », 12e dialogue franco-allemand ASKO, Otzenhausen, 2010. これらの論文は、私のホームページで公開されている。<http://lipietz.net>

もちろん、金融規制、所得の再分配そしてエコロジー危機について何も決定されなかった。貧困な労働者、失業者そして年金生活者たちは徐々に貧困の度合いが強まり、富裕者たちも自分たちの金融資産の一部分を失った。けれども富裕者たちは収入を取り戻して、危機以前の消費スタイルを維持することができた。その結果、エコロジー危機は持続している。しかもコペンハーゲンの気候会議の失敗によってさらに悪化している。

つまり、原因は同じであり、結果も同じである。（ウクライナとロシアという）世界第二、第三の穀倉地帯が、二〇一〇年夏、前代未聞の干ばつと暑さによって、消えてしまった。ただちに（モザンビークでは）飢饉に伴う一連の騒乱が起こった。そして一八四八年と同じように、食糧価格が急上昇することによってアラブ諸国の民主主義革命という興味深い結果が生じた。

発展モデルの変化がなければ、とくに世界的な所得分配に大きな変化がなければ、そして食糧およびエネルギー・気候の危機に大きな解決がなければ、この大危機からの脱出はありえないだろう。ＩＰＣＣ〔気候変動に関する政府間パネル〕とスターン・レポートは、二〇一〇年から二〇二〇年まで[28]という短い期間に行動期間を固定している。エコロジーの運動家や農民の抵抗によってバイオ燃料を支持する利害は弱まっている。二〇一一年三月一一日、フクシマの三重の事故が起こった結果、核エネルギーを北朝鮮やイランが主張するように民間の使用目的に限定することはますます困難になっている。そして、気候問題を原発という核のリスクを増やすことによって解決しようとする幻想は打ち砕かれている。

（28）ＩＰＣＣの第四次報告書（二〇〇七年）はこの日程と、気候変動と闘うための努力が達成された程度、あるいは達成されなかった程度の関係、そして将来の気候の変化について説明している。<http://ipcc.ch> 参照。スターン・レポートは達成された努力のコスト（ＧＤＰの一％）と努力されなかったコスト（ＧＤＰの五から二〇％）を算定している。Nicholas STERN, *The Economics of Climate Change*, Cambridge University Press, Cambridge, 2007 参照。

残念ながら、危機のこの最初の数年において、（金融危機という）表面的な問題がより根源的なエコロジーの危機を急速に排除している。民間から公共に移動することによって、支払い手段の危機が流動性の危機を越えて、明白になっている。そして、国家の債務が「まさしく」問題になっている。ギリシャだけでなく周辺的なヨーロッパ全体（東ヨーロッパ、ポルトガル、アイルランド）、さらにヨーロッパの中心の経済的に弱い国ぐに（スペイン、イタリア、イギリス、そして、やがてフランスも）がこの危機に関係している。それだけでなく、（ドイツとスカンジナビア諸国という）ヨーロッパの最も優秀な経済も債務を抱えている以上、問題がないわけではない。これらの国の債務削減の戦略は南欧市場に依存している。

さらに深刻であるのは、二〇一一年夏の初め、アメリカの国債の格付けがAAAからAAに格下げされたことである。格付けは世界的な三つの格付け会社の寡占によって債務者の支払い可能性が評価されるので、格付けとしての質はそれほどよくない[29]。たとえば、格付け会社はサブプライム証券の支払いの困難を見抜くことができなかった。また二〇一一年末までアメリカよりもフランスの国債がよい評価を得ていた。だが、アメリカの国債の評価が下がったことは、自由主義的生産性至上主義体制の終焉以上のことを意味している。つまりアメリカの国債の評価が下がったことは、世界的な通貨体制の終焉を告知している。この通貨体制は（一九五〇年から現在に至るまで）二つの発展モデルにおいて機能していた。金交換本位制は、一九七一年「正式に」ドル交換本位制となった。つまり「ドルは金と同じ価値がある」。したがって、ドルと金の交換可能性が実質的にも形式的にも終わりを迎えて以来、ドルと交換されれば（いかなる商品であれ、あるいはいかなる資産であっても）その価値はほんとうの価値として承認されることになる。ほんとうの価値とは、社会的に有益であり、世界的な等価価値を入手することができる、という意味である。この特権を利用して、アメリカ財務省そして実際にはアメリカ経済全体が、アメリカの通貨制度によって発行された貨幣で自分たちの債務を支払うことができた。アメリカ連邦準備理事会（FRB）は、銀行がアメリカ経済に対して与えた信用を、どこでも受け入れられる貨幣の形態で現金化しさえすればよかった。自由主義的生産性至上主義モデルの最初から実施されていたことであるが、ドルが世界の他の通貨に対して相対的に切り下げられたことは、アメリカの債務を知らない間に帳消しにする方法であった。

(29) 格付けは、貸し手がとるリスクについて、借り手が返済不可能となるリスクを評価している。AAA、AA+というように、格付けは順番に低下して、評価される。この評価は、現在、世界で三社が行なっている。かつては、銀行の内部で格付けがなされていた。格付け機能が外部の三社に外部化されることによって、すべての貯蓄者と金融機関は、市場で提供されるすべての金融証券についてリスクの存在を一望のもとに収めることができるようになった。だが、銀行は固有の評価を自由に行なうことができるし、市場は、貸し手が要求するリスクプライムの実際の評価を固定している。すなわち、スプレッドとは、最も安全な借り手の諸条件に対する利回りの超過分である。スプレッドは、格付けから大きく乖離しうる。だが、格付けは、たとえば銀行の準備資産を評価する場合に役立つように、半ば公式の基準として受け入れられている。

だが、アメリカの国債が疑わしい場合、ほんとうの支払い手段であり、ほんとうの価値保蔵手段である「ほんとうの貨幣」はどこにあるのだろうか。具体的に言えば、(たとえばギリシャのように)債務者が支払い困難に至った場合、(フランスやドイツの銀行のような)債権者はどうすればいいのだろうか。

実際には、自由主義的生産性至上主義モデルにおける債務経済は、債務を代表する一定の証券の信頼性という共通の考え(コンベンション)に従っている。これらの証券を自分たちの資産とみなして、商業銀行は受け入れられたプルーデンシャル・ルール[30]に従って、新しい貸し付けを行なうことができた(プルーデンシャル・ルールとは、クーク・レシオとその発展であるバーゼルI、II、IIIのルールである）。金融業界が債務者の債権がもはや現金化されないと判断する場合、（ニューマネーのような）新しく信用を獲得する力はそれだけ減少してしまう。その場合、新しい発展モデルの資金調達は困難になる。

（30）「プルーデンシャル・ルール」（次章のコラム4を参照）とは、たとえば、銀行が信用を提供するとき、どの程度準備資産を保有すべきかを規定する。二〇年前まで、ルールは単純であり、八％であった（クック・レシオ）。バール協定の交渉のなかで、銀行の準備の――格付けで評価される――性質を考慮に入れて、このルールが見直された。たとえば、二〇一一年まで、長い間、国債に投資された準備が最も安全であるとみなされていた。理論的には、銀行は準備をまったく増やすことなく、政府に貸しつけることができた。政府の債務は準備として承認されていた。だが、これは、現在ではもはや妥当しない。

二〇一〇年から二〇一一年にかけて、財政赤字に関する論争が経済学者や政治指導者の間で始まった（財政赤字は国家あるいは中央銀行の債務である場合、「政府（主権者）」債務である。国家と中央銀行は債務を返済するために「合法的な暴力を独占」しているからである）。論争の当初、ケインズ経済学者、さらにＩＭＦの警告にもかかわらず、支配的なルールが受け入れられた。「まず借金を返さなければならない」したがって、大半の国ぐににおいて財政赤字の削減が宣言された。だが一般的な傾向は、増税ではなく、公共支出のカットによって赤字を削減することであった。[31] その結果、二〇〇八年から二〇〇九年における拡大予算政策によって一時的な景気回復が実現したにもかかわらず、二〇一一年夏、再び景気は後退した。そして、経済活動は低下し、税収は低下して、財政赤字が再び増大した。これは累積的な景気後退であり、アメリカにおいて一九三〇年代初めにフーバー大統領が実施した政策、あるいはフランスではタルデュー〔一八七六―一九四五〕やラヴァル〔一八八三―一九四五年〕が実施した政策に類似している。要するに、これは自由主義的生産性至上モデルを危機の原因である自由主義的なやりかたで救済しようとしている。言い換えれば、フォード主義の時代の残滓である福祉国家、公共サービス、団体交渉、団体協定などを解体し続けることであった。(32)

(31) だが、ケインズは、同じ赤字の状態で、かつ、失業が存在する場合、増税してもよいから、支出を増やすことを推奨していた。なぜなら、政府の歳入として入ってくる貨幣はただちに投資として支出され、あるいは低所得者への収入として配分されることによって、「経済を動かす」からである。

(32) ギリシャについて、つぎの分析を参照。Maria KARAMESSINI, « Crise de la dette publique et "thérapie de choc" », *Chronique internationale de l'IRES*, n° 127, novembre 2010.

この第二期の主要な進歩は、ヨーロッパ金融安定化資金、そしてヨーロッパ安定化メカニズムのなかでヨーロッパの債務を相互に負担する方向に歩み出したことである。これはヨーロッパ内部における一種のIMF〔国際通貨基金〕であり、ヨーロッパ全体を担保にして、世界市場から資金を借り入れて、ヨーロッパの債務国に貸し付けることになる。だが、これらの資金はヨーロッパの債務国におけるあらゆる借金をカバーできるわけではない。そしてつぎの段階になって、ヨーロッパ中央銀行が債務を貨幣化する（**コラム3参照**）ことになるが、このことはドイツと他の国ぐにとの間に緊張を作り出すことになる。ドイツ以外の国ぐには、ケインズ主義的であり、債務をより多く抱えている。（ニューマネーを引き出すためには必要不可欠である）債務の相互負担の単純なメカニズムは、すべての債務は支払われねばならないという固定的なドグマを尊重している。だがこの債務は、危機に陥った過去の発展モデルに従って作られたものである。このようなドグマは、とくにドイツの保守派が主張している。[33]

(33) このような主張の理由は、「ドイツ資本の利害」に還元できるものではない。ドイツの産業資本はほかのヨーロッパ諸国の景気後退によって利益を得ないし、ドイツの金融資本も借り手諸国における困難の増大によって利益を得るわけではない。むしろ、このような主張は、「金持ちのポピュリズム」（第5章）である保守的自由主義のイデオロギー・ブロックの表現である。そして、この考えは、ハイパーインフレのトラウマに囚われているドイツのエリートたち（金融資本家を含む）の伝統によって支持されている。

コラム3 「債務の貨幣化」とは何か

（たとえばＢＮＰという）銀行が（ギリシャのように）破綻しつつある国に資金を貸しつけたと仮定しよう。この国がもう返済できないことがわかると、債務を放棄する、あるいは少なくともたとえば五〇年間にわたり返済を延期させることができる。債務を抱えた国家だけがこの帳消しを決定できる。まず、破綻を宣言するか、つぎに、交渉するか、これは大きなちがいではない(アルゼンチンは「債務を放棄することによって」、まず最初に交渉したギリシャよりも得はしなかった)。

だが、BNPは経営困難に陥るリスクが生まれる。銀行が貸しつけた資金は元本も利子も「戻ってこない」。銀行の株価は下がる。銀行の株価は家計の貯蓄の大きな部分を占めている(生命保険)。国家の破綻は、その債権者が居住するほかの国ぐにおいて連鎖反応を引き起こす。

代替的な解決が、「債務を貨幣化する」、すなわち、中央銀行(ヨーロッパのECB、アメリカのFRB)が銀行の債務を買い上げて、それと引き換えに中央銀行の貨幣を与えることである。BNPはお金を取り戻すことができた(BNPがギリシャに対して持っていた証券を「現金化」する)。そして、BNPはこのように獲得したユーロで再び貸付可能になる。

中央銀行にとりより柔軟な解決は、中央銀行がBNPのギリシャ債務を「担保にして現金化［レポ取引］」することである。そのことによって、BNPはただちにお金を手に入れるが、ギリシャの借り入れ証書を買い戻すことによって、一定時間後に返済しなければならない。これは、二〇〇八年以降、ECBが大規模におこなったことである。その後、ECBは、こっそりと、政府債務を少しだけ(余りにも少し?)買い戻した。

中央銀行はインフレの加速化を伴わないで、一定量のユーロを発行することができる。まず、それは、中央銀行が過去に発行した貨幣量に比較すれば（ギリシャの場合のように）相対的に少額である場合である。つぎに、中央銀行はこうすることによって、ギリシャの景気後退を回避して、（エコロジー的に妥当か否かは別にして）ギリシャおよびギリシャへの物資の供給国の実体経済を回復させることができる。したがって、増加した貨幣量を上回る生産物が生産されることになる。最後に、景気が良くなければ、売り手は、中国製品との競争が弱まらないかぎり、まず値上げはしたくない。要するに、債務の貨幣化は現在それほど危険ではない。

だが、もちろん、中央銀行が大規模に貨幣化することになると、インフレを引き起こしかねない。したがって、BNPが手に入れることになる新しいユーロの一部の使途を「方向づける」ことが提案されている。すなわち、生産増のためにただちに必要な投資を優先させることになる。したがって、エコロジカル・フットプリントを弱めるような生産を重視する必要がある。この点について、つぎの第3章で展開される。

このように、ヨーロッパ金融安定化資金、そしてヨーロッパ安定化メカニズムによるヨーロッパにおける債務の相互負担への歩みは遅れがちであるが、ドイツの納税者の負担増を間違いなく引き起こすので、相互負担のための連帯はその場その場で決められるべきであり、ヨーロッパ各国の予算は相互に監視されるべきである。これは、「財政連邦主義」を目指すための第一歩である。二〇一一年一二月EUのサミットにおいて、この政治的第一歩は劇的に踏み出された。きわめて主権的であり、自由主義的であるイギリスが半ば脱落することによって、ヨーロッパ条約は改革することが決定された。もっとも改革の目的と手段は今後検討される予定である。このことに債権者である銀行はまったく納得していない。銀行は政府債務の貨幣化と景気回復政策を熱心に期待している。

（34）商品と資本を自由に流通させるために複数の国家が形成する経済統合圏において、分断された政治権力は貿易も金融も規定することができない。国民主権主義は経済自由主義を強めるための手段にすぎない。

一つの成長モデルが崩壊する場合、このモデルに従って発行された信用は放棄されるべきである。すなわち、倒産、インフレ、さらには債務支払いの延期を交渉することによって、いずれにせよ放棄されることになる。このことによって債権者を破産させることなく、しかも、債務者を救済することができる。そして、新しい発展モデルに必要な新しい信用であるニューマネーを供給することができる。これが一九三〇年代に実施された政策であった（ヤング案[*1]、フーバー・モラトリアム[*2]がその実例である）。一九八〇年から九〇年代にかけてラテンアメリカ諸国に対しても同様の政策が実施された（ブレディ・プラン）[*3]。現在の危機においてもこのような制度を発明しなければならない。とはいえ、何のために資金を調達するのか。ここにグリーンディールという緑の転換のポイントが存在する。

＊1　ヤング案　第一次世界大戦において敗戦国となったドイツの賠償を軽減するための賠償方式。

＊2　フーバー・モラトリアム　アメリカ大統領フーバーがドイツ経済救済のために取った債務支

払の猶予措置。

＊3　ブレディ・プラン　一九八九年、ブレディ財務長官が起案したラテンアメリカ諸国の債務問題の解決策。海外主要銀行によるラテンアメリカ諸国の不良債権の一部放棄に加えて、これらの諸国の不良債権を新規国債と交換することが可能になった。ニューマネーの調達も可能になった。

第3章

グリーンディールのための工程表

まさに待つことのできない分野において三年間が失われた。現在の危機は数多くの側面から構成されているので、待つことのできる改革も存在する。即座に改革することが望ましいけれども、蓄積モデルが崩壊していない限り、一年先送りすることはたいしたことではない。たとえば労働時間の短縮を一〇年先送りすることは、雇用と生活の質にとりよくないことである。とはいえ修復できないようなひどい結果をもたらすわけではない。その反対に、気候変動に関する行動を一〇年先送りすることは人類にとって修復できない結果を引き起こす。なぜならこの一〇年間に排出される炭素ガスは一五〇年間大気圏にとどまるので、最初の年から温暖化に貢献することになる。問題は、今日あらゆることの解決が緊急性を有していることにある。

だが注意しなければならないのは、新しい発展モデルの発明は、事前に準備されたプランを実施した結果とはまったく異なることである。そのようなプランを最も早く実施すればよいわけでもない。新しい発展モデルは大きな歴史による発明であり、さまざまな模索、試行錯誤、そしてつねに効果的であるわけではないが、結局、「かなりすぐれている」がゆえに、持続して、制度化されることが期待されるような社会的妥協の産物である。いくつかの発展モデルの間で強い競争が存在するのであり、「中心的なモデル」が勝利を収めるものの、代替的なモデルが地球上から完全に消えるわけではない。

とはいえ、新しいモデルが安定化するのは、このモデルが危機にあるモデルによって明らかになった矛盾に対してともかく解決を見出す限りにおいてである。すでに述べたように旧くなった自由主義的生産性至上主義モデルの危機の原因について考えることは、新しいモデルの選択の幅を限定することである。当然、新しいモデルは新しいモデルのきっかけになった（ないし、解決方法として新しいモデルを要請した）大危機の原因について答えなければならない。

一九三〇年代の大恐慌は自由主義の大危機であった。それは一九四〇年代初めカール・ポラニーが述べたように、「自然と働く人を破壊する市場の自動調節能力の神話、そして機械に対する社会の反抗であった」[1]。彼がさらに述べているように、社会によるこの反抗は、経済を調整するために政治権力がますます介入することを意味する政府主導で計画的なモデルにしか到達しなかった。そしてポラニーは社会民主主義、ファシズム、スターリン主義という三つの解決方法を区別した。一九三〇年代の市民戦争、そして第二次世界大戦はこれら三つの敵対者たちのみつどもえの歴史として読むことができる。三者の連盟関係は絶えず覆されるのがつねであった（セルジオ・レオーネ監督『善人・悪人・卑怯者』［一九六六年、この映画の邦語タイトルは『続・夕陽のガンマン』］のように）。第二次世界大戦に続く冷戦の最初の数年間において明らかになったのは、フォード主義の成功であった。フォード主義は旧い自由主義、キリスト教民主主義の中道的な流れ、そしてもっとも革新的な社会民主主義、これらの妥協であった。だがファシズムは旧いヨーロッパのごく一部において権力にとどまり、スターリン主義は世界のおよそ半分の地域を支配した。そしてラテンアメリカ諸国はこれら三つのモデルの多様な混合形態を採用した。

（1）カール・ポラニー、前掲書。

われわれがフォード主義の「柱」をヘンリー・フォード、J・M・ケインズ、フランクリン・ルーズベルト、さらにウィリアム・ベバリッジに求めているのは、懐古的な意味を持っている。これらの「偉人たち」は自分たちの実践を理論化したのであるが、理論を実践したわけではない。歴史のなかでこれらの人物が果たした重要性を否定しないで、彼らの行動は――彼らがその実現のために貢献していた――発展様式の経済的整合性とともに、――いずれかの解決を目指す――社会運動（と軍部）の力による制約を受けていたことを理解しなければならない。

二一世紀の最初の五〇年間の発展モデルを描くことになる社会集団は、いまだ明確にその輪郭が明らかではない。だが新しい発展モデルに必要となる制約は明確であり、危機のあらゆる解決に必要となる工程表が突きつけられている。われわれが必要としているのは、現時点では、世界的レベルにおける社会諸階級間の新しい取り決めである。「新しい取り決め」とは、一九三二年にフランクリン・ルーズベルトが行なったニューディールのキャンペーンを意味している。だが周知のように、われわれが現在必要としているニューディールは、さらに現在人類全体の問題であるエコロジー的制約に答えねばならない。来たるニューディールはしたがってグリーンである。グリーンディールとは、緑の妥協であると同時に緑の転換である。

本章では、第1章でみた発展モデルのさまざまな構成要因について（後述するように、第1章と同じ順序ではないが）検討したうえで、現在の危機から脱出するためにどのモデルが「望ましい」かについてその特徴を分析する。とはいえ、経済的に整合性があり、社会的に望ましいような「よき」モデルであるだけでは不十分である。よきモデルであるためには、物理的に可能であり政治的に期待されねばならない。以下の諸章でこの点について検討することになる。

1　金融と財政のレギュラシオンは必要だが十分ではない

最も緊急な問題は、依然として債務の不払いの危機であるように思われる。たしかにそうである。しかし、一九八〇年代のラテンアメリカ諸国の経験に続いて、ギリシャの危機が示しているように、債務不払い問題とは別にあるほんとうの問題は、ニューマネーの問題である。すなわち、過去の債務の清算だけでなく、これからも一定期間存在し続ける赤字をなくすための資金であり、また将来の投資を行なうための資金である。そのためには、倒産、債務の破棄、債務の先送りだけでは不十分である。それどころか、過去の債務を相殺したり、先送りしたりすることは、そして、債務を一方的に破棄することは、借り手側の「信用」を傷つけることになる。つい最近返済できないことが分かった場合、誰が将来のために貸し付けを行なうだろうか。われわれはグリーンディールのために新しい資金を供給しなければならない。そのためにまず今後発展させるべきこの新しい成長モデルを検討しなければならない。そのあとで、この新しい成長モデルに必要な資金調達の問題に立ち戻ることにする。

まず、「金融のレギュラシオン」について簡単に触れておこう。二〇〇八年秋明らかに「機能停止」した金融の調節メカニズムを改革するというのが、「金融のレギュラシオン」の持つ意味である。二〇〇八年に先立つ数年間において金融の分野ではあまりにも長きにわたって緊張が累積されていた。

これまでの論争において問題となったのは、また、これからも問題となり続けるのは、金融部門のレギュラシオンの形態であり、とくに政府への貸付条件についてである。二〇〇五年に「緩和に向けて改革された」EU安定化協定は強化されるべきだろうか。ヨーロッパ中央銀行はあらゆる財政赤字を資金調達すべきだろうか。二〇〇〇年代末にアメリカ、EU、IMFそして金融安定会議（バーゼルⅢ）で採択されたプルーデンシャル・ルールと金融システムの監督のルールは十分だろうか。大銀行やとりわけ向う見ずな金融機関が「ツービッグ・ツーフェイル」であることをわれわれは受け入れられるだろうか。これらはすべて重要な問題である。[2]だが思い出していただきたい。これらの論点をもっぱら強調することは、現在の危機を「ミンスキー的」危機、すなわちリスクの過剰な負担に解消することになる。

（2）金融規制の分野においてただちに実施すべき改革に関する総合的な分析について、つぎのすぐれた研究を参照。Pascal CANFIN, *Ce que les banques nous disent et pouquoi il ne faut presque jamais les croire*, Les Petis Matins, Paris, 2012.

金融システムの監督

将来の成長モデルはたしかに資本主義的なモデルである。それにかわる代替的な「候補」は存在しない。[3]とはいえ、このモデルはグリーンディールによって規定され方向づけられる。そして起業の自由を尊重することになる。したがって自分のお金を新しい起業において賭ける資本家たちがつねに存在し続ける。これは望ましいことである。旧ソビエト的に管理された経済を支持する人たちはまれにしかいない。管理された経済は、たとえ「民主主義的に」コントロールされたとしても、そこでは、官僚主義によってしか新しいことは始まらない。起業家たちは、自己資金を投資するだけでなく、団体や銀行やベンチャー資金団体に資金を求めることになる。起業とはリスクを意味している。すなわち、新製品の物理的な実現の可能性あるいは顧客が持つ新製品への期待、これらについて起こりうるリスクである。これからも投資の失敗、倒産そして貸し付けの未返済が起こるであろう。とくに革新的な起業に対して、投資銀行（証券会社）が活発に支えるのであれば、それはすばらしいことである。とはいえ、投資銀行が倒産するリスクは高いかもしれない。確かにそうであるが、重要なことは、投資銀行が他の銀行、とくに預金銀行の倒産を巻き添えにしないことである。顧客は預金銀行に毎月余ったお金を預金して自分のお金が無くならないようにする。あるいは、これらのお金は後になって使うためにとっておかれる。すなわちマイホームの購入や年金生活のためである。預金者がよく知っているように、これらの「投資」は「寝かせておく」ためのものではない。これらの資金は銀行によって資金を必要とする企業や官庁に貸し付けられる。そして貸し付けは利子を要求する。だが預金者は高い利子を要求するのではなく、何よりも安全性を求める。したがって、銀行に、より一層の「プルーデンス」が要求される。預金銀行と投資銀行は同じ仕事をしていない。投資銀行は多くの場合、預金銀行が集めるお金を活用している。

（3）すでに見たように、ＩＰＣＣ［気候変動に関する政府間パネル］が設定した日程によれば、現在から二〇二〇年までの間であるが、私はここで「これから先数年間」について述べている。したがって、反スターリン主義的な社会主義革命によってまず先に資本主義から脱出しないで、エコロジー危機を回避することはできないという断言はきわめて残念であるにしても、つぎの文献は大変参考になる。Daniel TANURO, *L'Impossible capitalisme vert*, Les Empêcheurs de penser en rond, Paris, 2010.

これら二つのタイプの銀行は協力関係を持つことができるが、少なくとも一定の範囲以上に相互に対して責任を持つことができない（そして、銀行が架空の操作において起こりうる自己責任や損失を軽々しく拭い去ることを避けねばならない）。一方のタイプの銀行の倒産が他のタイプの銀行の倒産を引き起こすべきではない。このことは、現在の規模において最も危険である銀行の比重を下げるために、この銀行をいくつかの小さな銀行に分割することを意味する（これは「反独占的」競争政策の一部をなしている。これは、マリオ・モンティがＥＵ委員であったときに実施した政策である）。預金銀行も投資銀行もプルーデンシャル・ルールを尊重すべきである。しかしこのルールは投資銀行よりも預金銀行に対してより厳格である。とはいえ、いずれの場合においても、規制され、監督されている。

コラム4　プルーデンシャル・ルールによる監督について

プルーデンシャル・ルールという言葉は、サブプライム危機以降、関心ある人びとに広まった。二〇〇八年末の事件は、金融部門が何年もかけて犯してきた「インプルーデンス」〔注意の怠り〕を明るみに出した。これらのインプルーデンスは二〇年間にわたって世論の注視をあびつつ、世論を唖然とさせた。カジノ経済と言われたし、金融資本の利回りが二ケタであることへの怒りも存在した。だが、この利回りは、投下資本が一挙に消えてしまうようなリスクを伴っていることは理解されていなかった。

不幸にも、このことと同時に、リスク指向の投資ファンドの倒産が、この投資ファンドに資金を貸し付けていた銀行の倒産、したがって、銀行に預金していた預金者の損失を引き起こすことがわかった。したがって、大半の政府は、脅しの状況に置かれることになる。政府は、銀行を救済するか、それとも、経済の崩壊を目の当たりにするか、である。そして、この種の脅しは銀行にとってプラスになるというほぼ完ぺきな確信が存在したので、銀行は過度のリスクを負担したのである。これが、モラル・ハザードの問題である。

実際、このジレンマは政府の金融当局によって長い間観測されてきた。銀行は、事実として、貨幣という公共財の公的管理というサービスを行なっている。銀行はしたがって、公共サービスの義務とくにプルーデンスを義務づけられている。これが、「プルーデンシャル・ルール」である。

一例をあげよう。銀行Bが企業Eに対して資金Y額を貸付ける。企業Eはこの貸付を使って、銀行Bの小切手で納入業者に支払う。残念であるが、企業Eが売り出そうとしたヒットとなるべき新製品はまったく売れなかったので、企業Eは倒産する。企業Eが納入業者に対して、また従業員に対して発行した小切手は流通し続け、最後には銀行Bの窓口に戻ってくる。銀行Bはそのとき、銀行が保有する資金、すなわち「自己資本」で支払わねばならない。そうでなければ、銀行は借り入れねばならない。

銀行の自己資本は、銀行の創設時に銀行の所有者たちが提供した資金に、銀行が蓄えてきた利益が加えられている。もちろん、ずっと以前から、自己資金は金庫で眠る金の袋の状態で存在していない。自己資本は、確実な投資商品、とくに国債に投資されている（つまり、一定利率の利益を生む国の債務証書）。国家が企業よりも確かであるのは、理論的に言えば、国家は税を納入させるために、警察官を送り込むことができるからである。それゆえ、政府の債務は、「主権的債務」と呼ばれている。だが、現実ははるかにあいまいである。政府のなかには、企業やその所有者に税金をまったく納入させることができないような政府も存在している。

銀行Bが政府Sに対して貸付けている証書は、いずれにせよ、企業Eに対する貸付証書よりも評価が確かである。もっとも完全に確実ではない。それゆえ、プルーデンシャル・ルールを作成することは難しい。一般的に、つぎのように作成される。銀行Bの貸付額Yは銀行が保有する自己資本の一定倍額を上回ってはいけない。この倍数、あるいは、その逆が、「クーク・レシオ」である。だが、今日では、自己資本の概念そのものが再検討されている。一定の政府の支払い不能が強まっているからである。とくに、二〇世紀の後半の五〇年間、世界貨幣を供給した国、すなわちアメリカの支払いの不可能性が強まっている。

銀行のほかの準備資産は民間の証券に投資されている（株券、社債、とくに他の銀行の債券）。現在のプルーデンシャル・ルール（バーゼルⅢ）は、相異なる水準（tiers）の安全を区別している。

このルールは少なくとも金融部門では強制的であることを強調しておこう（とくにEUではほとんどすべての金融部門に妥当するのに対して、アメリカではそうではない）。そして、このルールの順守に関する監督は、金融当局に委ねられている。金融当局は、格付け会社が提供する世界中の株式の評価額にしたがって監督を行なうことになる。たとえば、リトアニアの金融当局は、リトアニアの銀行の資産に含まれているタイの株券がどれほど確かであるかについて確証できない。そして、すでに見たように、格付け会社の評価の質もかなり疑わしい。しかし、建物や船舶の安全性を確かめる企業とまったく同じように、格付け会社は、金融当局に情報を提供するという公共サービスを果たしている。

これが、プルーデンシャル・ルールによる監督の唯一の問題ではない。もっとも明らかな問題は、銀行の資産を形成する商品の価値が市場価格によって評価され、変動することである。市場は盲目的でも、狂乱的でもある。そして、二〇〇八年の「システム」危機において明らかになったことであるが、借り手に役立っている信用が崩壊するケースは、借り手自身の困難によって引き起こされないで、別の借り手の困難によって引き起こされる。つまり、この別の借り手の（「有毒」となった）証券が自分の資産に含まれることによって、信用が崩壊する、とくに、（「システム」的と言われるほど）大きな借り手が倒産することによって、他のすべての経済主体の連鎖的な倒産が引き起こされる。

たとえば、銀行Bが外国政府Sの国債を購入して、資金を貸付けたとしよう。この国債がきわめて安全に見えたのは、政府Sはほとんど借入していなかったからである（これが、二〇〇七年のスペインであった）。だが、S国の銀行システムが崩壊した。政府Sは銀行の救済に走った結果、財政赤字に陥った。銀行Bが政府Sに貸し付けた信用は、突然不確実になった。もちろん、それが政府の政治的責任でなければ、政府Sをして銀行の救済を強いるものは何もなかった。このような政治的、道理的な強制は、「簿外」と言われる介入の対象になる（政府は銀行システムに対して貸付けたのではなく、その債務を一定程度「保証した」）。かつては、このような簿外の介入は純粋に暗示的で、厳密に政治的であった。そして銀行Bにとり、自国の銀行を救済した政府Sに貸し付けたことにより、その信用が低下して、自国Pでのリスク要因となる。今度は政府Pが銀行Bを救済しなければならなくなる。以下、同様のことが起こりうる。

このように、綿密かつ複雑であるがあいまいな貸付けが透明性に欠けるシステムを形成することになり、プルーデンシャル・ルールによる監督はきわめて困難になる。理想的に言えば、「マクロ・プルーデンシャル・ルール」監督を問題とすべきである。すなわち、国家を越える地域圏全体の金融的安定の評価であり、これはむしろ、たとえば中央銀行の勘定のために、この地域圏の金融システムの全体的な状況を研究するマクロ経済学研究者の仕事になる。その場合、地域圏内部の諸国家、諸自治体、そして国の民間債務なども考察の対象になる。多少とも緊張した国際的な枠組みから全体が構成される。

もちろん、中央銀行はとくに第二次世界大戦以降、信用貨幣が存在して以来、この種の分析に取り掛かっている。だが、現在の危機によって明らかになったのは、相異なる国家間で調整されるような、マクロ・プルーデンシャル・ルールによる監督の問題である（この監督はＩＭＦの部局に委託されている）。この監督の方法と、この監督が依拠すべきルールは未だ存在していない。だが、その必要性は高まっている。というのも今日貨幣は純粋の信用貨幣になっているからであり、今日の貨幣の旧い、普遍的なアンカーであるドル自身がますます不確かな支えになっているからである。プルーデンシャル・ルールによる監督とマクロ・プルーデンシャル・ルールによる監督が、「貨幣商品」金との一切の関係を破棄した信用貨幣にもとづく国際通貨システムにとり最後のアンカーになっている。それは、離陸した飛行機にとり、航空装置が唯一の舵となるのと同じである。このような公共サービスの使命は、民間企業に委託できるものではない。さまざまな見解と評価が競争することは有益であり、必要であるにしても、ＥＵおよびＩＭＦは、公共の資金について独立した——たとえば、大学を中心とする——格付けと評価の機関をもつべきである。

だが、地域圏のマクロ・プルーデンシャル・ルールを分析しつつ、同一通貨圏の金融的安定を実現することは、ますます困難な課題にとどまっている。中央銀行は二つの手段を持っている。中央銀行は、貸付の利子を決めることによって信用の容易さをコントロールすることができる。他方、中央銀行は証券を購入する（ないし「債券を担保にして現金化する」）ことによって、民間銀行や企業のリスクを軽減することができる。だが、大胆な金融緩和政策はバブルのように、リスクの過剰な引き受けを引き起こすことになる。そして、中央銀行には別の義務がある。インフレを抑制する、そして、金利を変えて、為替レートを管理する、という義務である。これらすべての目的を中央銀行だけに課すべきであるか否かについて論争が起こった。[a] だが、つぎのことを強調しておこう。現在の大危機に直面しているので、中央銀行のシステムの役割は、金融の安定や通貨の（内的、外的）価値の安定を保証するだけでなく、グリーンな転換の投資のための信用を選択的に方向づけることにある、と。そのためには、中央銀行に対して再融資のために優先的で無条件のアクセスを持つような投資銀行という専門的な機関をまず設置する必要がある。

（a）中央銀行の目的をめぐる論争について、つぎの文献において対照的な見解が表明されている。“Banques centrales et stabilité financière”, rapport au Conseil d’analyse économique, no. 96, 2011.

危機の経験が示しているように、プルーデンシャル・ルールは、手元にある確かな資金と貸出資金の「レシオ」に限定されない（**コラム4**参照）。なぜならわれわれは「手元にある確かな資金」がどれだけの価値を持っているか正確に評価することができない。たとえば、アメリカ国債を持っているとしよう。そして、現金を必要とするとき、この国債を転売することができる。また、ギリシャの国債を持っているとしよう。現金が必要なとき、いついくらでギリシャの国債を転売できるか誰もわからない。債券の価値を市場で評価された現在価値で評価する二〇〇〇年代初めに登場した方法（いわゆるIAS／IFRES〔国際会計基準〕）は、大きな混乱をもたらすことが分かった。[4] 二〇〇八年末銀行の自己資本を「モデル」によって評価しなければならなかった。というのもパニックが起これば、これらの自己資本は価値がなくなるけれども、だからと言って数か月後にもそうであるとは言えないからである。そして直ちに銀行の破産を宣告しなければならない、というわけでもない。他方、銀行が預金の引き出しに対応しなければならないとき、即座に現金を見つけるための唯一の方法は銀行の準備資産を一部転売することである。このような矛盾、すなわち（資産を販売して現金を即座に入手する可能性である）流動性の必要と、この資産の持っている価値の不確実性との矛盾は、資本市場の機能によって単純に解決できない。われわれが必要としているのは、借り手（企業、官庁、銀行）が困難な局面を抜け出すよう手助けしてくれる救いの手である。また、市場に従って決断するだけでなく、借り手側の個別の条件を評価してくれるような貸し手、借り手の返済を期待できるか否かの全体的な状況、さらに、借り手の倒産が引き起こす結果についても正しく評価することができるような貸し手を手助けしてくれる救いの手を、われわれは必要としている。伝統的にこの救いの手の役割は「最後の貸し手」である中央銀行に属する。中央銀行は「第二ランクの銀行」が与えた信用を表現する債権を割引して貨幣を供給する。第二ランクの銀行とは、自分たちの供給する信用をほんとうの貨幣として押し付けることのできない商業銀行のことである。

（4）二〇〇一年を通じて、私は「プルーデンシャル・ルールと金融コングロマリットの監督」に関するEU議会の委員会の報告者を務めた。この金融コングロマリットとは、預金銀行、投資銀行、さらに保険会社を兼ねるヨーロッパの多国籍金融グループである。これら三つの活動は一九三〇年代の危機において厳密に区分されたが、その後次第に再び組み合わされるようになった。フランスでは一般的に投資銀行と預金銀行が統合されたのに対して、スペインではファシズムの時代の遺産を受けて、これら三つの機能を兼ねるシステムである「保険銀行」が生まれた。

実際には、バールⅡの交渉においてアメリカ合衆国に押し付けられる以前に、EUの法律を決めておく必要があった。累積しつつあったリスクを感じていたので、私は、まず、同一の資本を同一金融グループの銀行活動と同時に保険活動の担保として利用することを禁止すること、つぎに、EU内部で各国のどの金融当局が監督機能を果たすべきかについて厳密に規定すること、に努めた。かなりの抵抗があったし、実現すべきことから見れば、当然すべてが実現できたわけではない。ドイツとイギリスの保守による抵抗によって、私はクーク・レシオあるいは保険の技術的な準備資産を引き上げることができなかった。私ができたのは、監督が弱いような国における監督を自由に選択できることを銀行に禁止して、「プルーデンシャル・ルールのためのノマド主義」を制限することだった。そして、最大の活動が展開されているところにおける監督を銀行に課すことだった。そして、アメリカの投資銀行に対して、(アメリカでは規制されていない場合でも) EUにおける活動はヨーロッパの金融グループと同様の規制を受けることを認めさせた。もちろん今日では、これらのプルーデンシャル・レシオを引き上げて、EUレベルにおける共通の監督システムを実現しなければならないことが明らかになっている。

だが、私が最も驚いたことに、私がこの任務に就いた二〇〇一年二月、保険部門は銀行部門よりも(自己資本において)十分な資本が存在したのに対して、二〇〇一年末に状況は逆転した。資本を評価するという予測不可能な動きは、エンロンの危機に続いて、二〇〇一年九月一一日のテロ事件によって引き起こされた。

ヨーロッパ中央銀行は躊躇せずにヨーロッパ各国の国債を買い戻している。これは、人びとが取り急いで断言したことと真逆である。中央銀行はこのことを各国の政府に貸し付けた銀行を救済するために行なっている。とはいえ、このようにして中央銀行は借り手である各国政府の状況を改善している。大きな論争がそこから生まれる。なぜ中央銀行は困難を抱えている各国の財政赤字に対して、直接、資金調達しないのか。その答えはよく知られている。(モラルハザードの問題であり) 借り手である政府が「過ちを犯すこと」を奨励しないためである。そしてまた、巨額資金が注入されることによってインフレを引き起こすからである。この問題について、すでに債務の貨幣化に関してコラム3で論じた通りである。

中央銀行による貨幣供給の行き過ぎとインフレの関係は否定することができない。発行された貨幣量は供給された商品量に配分されるだけであり、価格水準は貨幣量と商品量の比であるという貨幣数量説に与するわけではないが、国内経済に貨幣が過剰に存在することは投資や雇用を刺激することになる（そして、新しい生産活動が起こることになる）。そして価格を重視しない動きが生まれることになる（インフレ発生）。どのような状況でそうなるのだろうか。第一次世界大戦の敗戦国ドイツや一九八〇年代のラテンアメリカ諸国ではハイパーインフレが発生した。「紙幣を発行しても」早く上昇しすぎるインフレに追いつくには不十分であった。インフレによって年金生活者、零細な貯蓄者、不安定雇用にある労働者、そして少なくとも資本市場でやりくりできないようなすべての社会集団は大きな打撃を受けた。今日、各国の中央銀行が供給する流動性によって世界経済は洪水状態にあるが、投資の過剰もインフレも起こっていない。なぜなら新興諸国における過剰投資は価格引き下げの強い圧力を与えていて、そのため先進国では投資しようとする起業家がほとんど存在しない(5)からである。

(5) なぜフォード主義モデルは波状的インフレに至るのか、また、なぜラテンアメリカ諸国のモデルはハイパーインフレに至るのか、について考えてみる必要がある。これに対して、自由主義モデルはむしろデフレに陥る。この点について本書では取り上げられていないが、これらのことは、それぞれのレギュラシオンのモデル、それぞれの発展モデルは、固有の価格決定メカニズムと危機の表現形式をそなえていることを単純に示している（すでに述べたように、「社会にはその社会の構造に固有の状況が存在する」）。そしてまた、信用貨幣はインフレの必要条件であるが、十分条件ではない。現在の危機において、信用貨幣は、「一九三〇年のような」突然の崩壊現象を阻止している。Alain LIPIETZ, *Le Monde enchanté. De la valeur à l'envol inflationniste*, La Découverte, Paris, 1983. 参照。

インフレは今日大きな脅威ではない（インフレは債務を減額する効果があるが、社会的には好ましくない結果を伴う）。だが、インフレは大きな脅威になりうる。おそらく問題の解答は、中央銀行が何でも貨幣化して、資金を供給すべきではない、ことにある。中央銀行は金融不安定のリスクに直面して、借り手の負担を下げるために金利を下げる。このことによって中央銀行は銀行に対して超低利で貸し付ける。だが銀行は納税者にとってあまりにも高すぎる金利で各国の政府に貸し付けている。

私はここで以前に書いた文章の一部分について自己批判しなければならない。ヨーロッパ議会の経済通貨委員会において、ヨーロッパ中央銀行総裁ジャン・クロード・トリシェ［当時］との年四回の定例ヒヤリングのなかで、私は彼に対して、つねにアメリカ連邦準備銀行よりも高い利子政策を非難し続けた。彼の答えはいつでも輸入インフレを避けるためにユーロ高に固定する義務があるというものであった。私はこの議論に決して納得しなかった。しかもユーロ高の政策はヨーロッパの産業空洞化に少なからず貢献した。しかし、ある日、トリシェは別の議論を持ち出して私を混乱させた。彼の発言の骨子はこうであった。「ヨーロッパ中央銀行が投資家たちに低利のお金を供給し、しかも投資家たちはこの資金を投機的なバブルに投資するためにしか使わないようなことをあなたはお望みですか。」これはインフレに関する議論であるが、特定の対象に集中したインフレである。いまから振り返るならば、トリシェは正しかったと認めなければならない。金利を下げても、若い世帯がマイホームを手に入れるのを奨励するどころか、彼らは都心から離れることになる。金持ちの世帯がこの低金利を利用して賃貸用のアパルトマンを購入することになる。そして住宅価格を急上昇させることになる。これが「不動産バブル」であり、この場合には純粋のバブルである。というのも新しい建設が起こって価格が急上昇するのではなく、新旧両方の住宅価格が同時に急上昇するからである。トリシェとのやり取りのなかで私は自分の意見をつぎのように変えることになる。「そうだとすれば、信用の供給を選択することに戻ってはどうでしょうか。そして、実際の投資、社会的に有効な投資を実現する部門だけに低金利を適用してはどうでしょうか」。彼は、残念ながらヨーロッパ条約によってそのような行為は禁止されていると答えた。つまり、これは経済を超える問題であった。

財政の監督

一定の貸付は社会的に有効であり、インフレを引き起こさないので信用を選択的に与えることができるだろうか。この点についてグリーンディールの資金調達について述べるとき、この方法について検討することにしよう。ここで直ちに述べておきたいのは、ギリシャの破産（とギリシャ以外の周辺的な諸国の財政困難）に関する現在の論争は債務の問題よりも、ＥＵという全体を構成するそれぞれの部分、すなわち各国間の連帯性の問題にかかわっている。確かに貨幣のレギュラシオンの様式がいかなるものであっても、借金や赤字はいつでも、ある現実をその対極に表現している。税収以上に支出する国家、輸出する以上に輸入する国家、支払いを受けることなく商品を供給する業者、要するに、借金の支払いを先送りしたり、借金を貨幣化したりしても、累積した赤字や借金は決して消えない。その負担は、債権者あるいは先の納入業者（従業員を含む）、（物価の全体的な上昇により）中央銀行の利用者、納税者全体にそれぞれ転嫁される。いかなる場合においても、EUという全体が一部の救済に乗り出すことは、少なくとも最初の間、連帯的な諸国が一定の犠牲をしなければならないことを意味する。そしてのちになって赤字が解消されれば、貸借関係が解消されるにしても、である。ヨーロッパの財政連邦主義はしたがって固有のプルーデンシャル・ルールを必要とする。各国は思うまま財政赤字を増やすことができない。その場合には、他の諸国による連帯を放棄することになる。

EUよりも小さい全体を考えて、それを構成する諸部分について考えてみよう。たとえばフランスという全体と地方自治体という部分（あるいはアメリカ国家と連邦州国家）。一八世紀末の民主主義革命以来、地方自治は市民たちの大きな要求である。だが市民は同時に国民であるので、（市町村であれ、郡であれ、県であれ、あるいは地域であれ）、地方自治体の破産は、この地方自治体の住民が奴隷のように売りに出されることをもちろん意味しない。国民レベルでの連帯が機能する。地方自治体そして他の地域的な集合体は何をしてもよいというわけではない。フランスおよび大半の国ぐににとって地方自治体のルールは「黄金のルール」であるが、それは、ヨーロッパの保守党がヨーロッパ憲法の中に書き込むことを要求しているものではない。

このルールとは何か。このルールによれば、地方自治体（あるいは他の集合体）の予算は、「通常予算」と「投資予算」に区別され、通常予算は歳入として、地方税と国民的連帯による毎年の補助金を含んでいて、歳出として、地方自治体の職員の人件費、一般的な支出、そして借り入れによる利子を含んでいる。これに対して投資予算は、支出のなかに、その年に実施される新工事の費用、大きな購買を含んでいて、収入として、通常予算の余剰と新しい借り入れを含んでいる。黄金のルールとは、通常予算が赤字になりえないことを意味する。言い換えれば、将来のための投資をまかなうためにのみ借り入れをすることができる。これは典型的なプルーデンシャル・ルールである。このルールが破られたので、アングレームやブリアンソンのような自治体は県知事の監督下に置かれた。そして当然ではあるが、国民レベルでの連帯を享受している。

ヨーロッパ人相互の連帯が強まれば強まるほど、このようなプルーデンシャル・ルールの定義はさらに改善されるであろう。これらのルールは「黄金」であっても、「銀」であっても、あるいは「真っ赤」であってもよい。EUを形成するあらゆる市町村や地域がグリーンな転換のための投資に乗り出すのであれば、これらの投資はたとえばEU全体の部分間の連帯を調節するプルーデンシャル・ルールのなかで特別の地位を占めなければならない。

この地域間（そして国家間）のプルーデンシャル・ルールは、経済のショックを緩和するために柔軟であるべきである。（一九六〇年代のような）うまく制御されたフォード主義でさえ、一定の変動を認めていた。私が以上で説明したようなフランスの地方自治体の黄金のルールは一定の行動の幅を認めている。すなわち通常予算の超過は（税収が不調であるときの）ゼロから投資予算の全額にまで及ぶことができる。さらに複雑なルールを考える（緊縮と緩和を組み合わせる）こともできる。EU各国はたとえば予算の三％の水準にまで赤字を引き上げることができる。この場合（二〇〇五年のいわゆる「緩和主義的な」改革におけるように）「将来のための」投資は別扱いされる。とはいえ、この将来の投資は「グリーンな」投資に限定される。そして、ヨーロッパ議会の決定によって三％という幅は国の規模によって、あるいは景気の状態によって拡大できる。いわば黄金のルールではなく「エメラルドのルール」である。

ヨーロッパ連邦予算

つぎに国民的な予算あるいは地域の予算が何であるかを理解しなければならない。これらの予算（がGDPに占める割合）は現在よりも大きくなるのだろうか、それとも小さくなるのだろうか。住民の生活条件は各国政府、あるいは地方自治体が提供する公共財によって保障されるのだろうか。この問題について後に検討するが、とりあえずつぎのように答えることができる。マイカーが大部分公共交通によって代替されるのであれば、公共の予算が占める割合は上昇するばかりである。さらに、地域間や国家間の連帯がさらに強まることは中央政府の予算が一層大きくなることを意味する（すなわちここではＥＵの予算が一層大きくなる）。

「通貨圏を構成する諸国が経済的に収斂することをすべての通貨圏は前提にする」と述べることは

ばかげている。フランスやイタリアやアメリカさらにそれ以上に、中国やインドは国内統合の過程において、あるいはそれ以降、地域間の完全な収斂を経験していない。われわれが法律、租税、通貨を受け入れるようなより大きな集団に所属するという感情は、社会のさまざまな空間の間での生活水準の一定の収斂を意味している。だが、地域レベルと国民的レベルでは人口の構造も異なるし、習慣も異なる。自然の与件も社会による獲得物も異なる。この多様性こそが全体の魅力を作り出している。ギリシャがヨーロッパを形成していることをフランス人が、そしてギリシャ人が望むことは、フランス人がフランスのアイデンティティのなかでオーベルニュやプロヴァンスの位置を確認することと同様である。ギリシャの特殊性を平準化するのではなく、それらを確認すべきである。したがって、「全体を構成する部分」のために、絶えず連帯に基づく移転が行なわれる。この移転は、先に述べたヨーロッパの予算よりも多額の移転を意味している。EU財務省が出現することによってわれわれは最も遅れた地方の（グリーンな）投資のために資金調達しなければならない。だからと言って、こうして資金が移転されても、自らの発展のために「地域」（ローカル）が固有の発展をめざすことが妨げられるべきではない[6]。

（6）このようなEUからの持続的な資金移転（ギリシャはポーランドについで、二番目の享受国）は、債務危機に伴う「緊急の連帯」と区別すべきである。持続的な資金移転は、EU予算によって提供される「ヨーロッパ地域開発資金」（Feder）というまったく異なる財源に依存している。

ヨーロッパ連合がさらに深まると、全体の予算もさらに大きくなる。つまり、人間の集合体は一層連帯的であるという考えである。だが注意すべきは、連邦制度が全体に関する法律を尊重しつつ、徴税のための条件を改善して、「租税ダンピング」と呼ばれる事態を阻止することである。租税ダンピングとは、租税を減じたり、「タックスヘイブン」において目をつむったりして、資本や企業や納税者を呼び寄せるために、全体を構成する諸部分が競争することである。タックスヘイブンにまで、国から国へと何の問題もなく誰が移動できるのだろうか。資本とビジネスマンである。誰がその国に残るのだろうか。外国に移住するために必要な手段も知識も持たない低所得者層である。ただし（必要にかられて移動する）大胆な人たちである移民労働者たちは除く。以上のような理由で、政治統合とくに財政統合を伴わないヨーロッパの経済統合は、単一市場条約からマーストリヒト条約へ、そして二〇〇五年、多少とも「連邦主義的な」憲法条約が拒否されるに至るまで、金融資本、大企業、そして大富豪の課税基準が絶えず引き下げられることによって表現されてきた。債務危機から脱出しつつ所得を再配分することは、政治的に統合されたヨーロッパそして財政の連邦主義が実現しているヨーロッパでしか可能ではない。その場合（土地所有への課税は別にして、少なくとも「動産」への）課税はヨーロッパの全域で同一になる。アメリカ合衆国に大規模な連邦予算を付与したことはルーズベルトの偉大な功績であり、その後継者であるケネディやジョンソンの功績である。そしてレーガンやブッシュのようなアメリカの保守派たちはこのことを非難している。レーガンやブッシュは（カリフォルニアやテキサスのように）「合衆されていない州国家」に戻ることを主張している。

たしかにわれわれは「スーパー・グラス・スティーガル法」を必要としている。われわれは、ヨーロッパレベルで前向きの財政通貨政策と国民的な逸脱の監視の強化を組み合わせることを必要としている。これはヨーロッパの連帯のための必要不可欠条件である。確かにわれわれは「タックスヘイブン」を骨抜きにすべきであるが、それだけでは不十分である。

2　付加価値の再分配の問題

世界的にも国内的にも富が極端に富裕層と貧困層に、ひどく二極化していることについて、大方の見解は一致している。そしてさらにひどいことに、緊縮に関する言説が、賃労働者と貧困化したミドルクラスがこの二〇年間「保護的すぎる」賃金契約のおかげで贅沢をしてきた、と非難している。このような富の二極化は、すでに見たように、サブプライム危機の原因になっている。これは、現在の危機と一九三〇年代の危機の共通点である。したがって、資本主義の安定化を考えれば、賃労働者のために、所得の配分を再均衡させるべきである（これが、ケインズ経済学者たちの主張である）。

確かにそのとおりである。だが（有効需要を引き上げるための）GDPの再配分だけでは不十分である。確かにわれわれはケインズ的危機、つまりマルクス的な過少消費の危機にある。そして国民的、ヨーロッパ的、そして世界的な付加価値に占める賃労働者向けの割合を引き上げる必要がある。

だが、第一に、再配分は国民的な経済空間だけでなく、地球全体を対象にしなければならない。なぜなら労働者たちは南、あるいは中国に存在するのに対して、消費者は北に存在しているからである。このような世界的ディールを承認させるための世界政府は存在していない。

第二に、国際的スーパー・ワーグナー法（あるいは北と南におけるマーシャルプラン）が賃労働者の交渉力を強化することになる。[7] これは、まったく副次的ではない第二の選択を含意している。世界的に賃金の占める割合が増加することは、購買力の上昇あるいは自由時間の増加のいずれをとるべきだろうか。一九六〇年代までのフォード主義の解答はあきらかに賃金の増加であり、生産性至上主義を基礎づける選択であった。生きるための自由時間よりも消費の増大に優先権が与えられた。[8] このような生活スタイルにしたがって、労働時間が長くなり、家族と共に過ごす時間が減少したし、都市の交通渋滞が始まり、新商品の絶えざる流入によって一九六〇年代終わりには反乱が起こるに至った。これらの反乱は「稼ぐために人生を失う」という原則に対するたたかいであった（マルクス主義の社会学者であり哲学者であったアンリー・ルフェーブルは、この時代について「日常生活の植民地化」と述べたことがある）。一九八〇年以降自由主義が復帰して、第三世界に工業化が猛烈に拡大することによって、世界的な平均賃労働時間は再び天井に向かって上昇し始めた。

（7）ルーズベルトの時代のワーグナー法は、後からニューディールに加えられた法律（一九三五年）であり、賃金の全般的な上昇を（どのように規定できるのかについて）規定していないことに注意しよう。ワーグナー法は労働組合の交渉力を強めただけである。

（8）一九六八年初め、フランスの製造業における労働者の週平均労働時間は五一時間だった。

毎日生産される富のなかで賃労働者が獲得できる部分が世界的レベルで将来再び増加するにしても、そのことは「一九五〇年代のアメリカ的生活様式」のモデルをたどることにはならないだろう。今の時代に再びアメリカ的生活様式が世界中に復活することになれば、現在すでに希少化している地球の全ての自然資源は数十年間で枯渇するであろう。確かに南においても北においても、最も貧しい人たちの所得はとくに社会的な最低水準を引き上げることによって、上昇させる必要がある。「生存するための所得の権利」が獲得されることは、グリーンモデルにおける重要な進歩になりうる。だが現在でも、このような考えは収入と活動を分離することに対する民衆の抵抗に出会うことになる（ただし、病気、出産、老齢あるいは非自発的な失業など）明白な理由がある場合は別である。[9] 反対に、エコロジー的に持続可能であるための制約は、中国やインドの工場においても、ヨーロッパにある事務所においても、労働時間の短縮が優先されるべきであることを意味している。もちろん労働時間の短縮は異なる形態をとることができる。たとえば南では児童労働が禁止されることから始まり、北では年間の労働時間が短縮される、そしてどこでも定年退職年齢が引き下げられる。

（9）収入と活動の問題について、すでに *La société en sablier*（*op. cit.*）のなかで詳しく述べたし、*Face à la crise : l'urgence écologiste*（*op. cit.*）においても言及している。これは、エコロジー社会における社会的絆としての「労働の価値」の問題である。そして、労働者が自分の仕事や「職がある」というだけの事実に見出していた価値を無視するというフランスの左翼のまちがいの問題である。本書において繰り返しこの点について論じないが、後述において強調されるように、この「労働の価値」つまり仕事の

一九九五年二月二七日第三種郵便物認可　二〇一四年四月一五日発行（毎月一回一五日発行）

月刊
機
2014
4
No. 265

発行所　株式会社 藤原書店©
〒一六二-〇〇四一　東京都新宿区早稲田鶴巻町五二三
電話　〇三・五二七二・〇三〇一（代）
FAX　〇三・五二七二・〇四五〇
◎本冊子表示の価格は消費税抜きの価格です。

編集兼発行人
藤原良雄
頒価 100円

世界が転換点にある現在、日本は国家として自立しているのか？

今、「国家」を問う

――学芸総合誌・季刊『環――歴史・環境・文明』57号特集――

小倉和夫＋宮脇淳子＋小倉紀蔵＋倉山 満

日本は、敗戦・占領を経て、米国への政治的・経済的・軍事的依存をますます強め、国家としての自立が不確かなまま放置されている。沖縄問題であれアジア諸国との関係であれ、国家の自立がなされぬことの所産といっても過言ではない。

学芸総合誌・季刊『環』57号特集では、国民国家成立以前の国家観にまで遡りつつ、国家としての自立／国家からの自立の両面を視野に収めながら、あらためて「国家」について考えてみたい。

編集部

四月号目次

国家と政府は別

倉山 私は東日本大震災で確信しました。国民国家としての日本は揺らぎもしていない。あれだけ菅直人の政府が無能でも国民は結束し、大規模暴動一つ起きなかった。世界は驚嘆しましたが、国民国家日本は健在ということです。国家と政府は別物です。戦後民主主義は、戦死と餓死さえしなければそれでいいだろうというのでもっていたわけですが、戦死こそしていないけれども、二十五年も不況が続いて、生活保護すらもらえない餓死者が続出している。経済不況によって自殺者が一万人ふえているのに、ずっと政府は無策。このような状況で、無理やり愛国心を持たされたら、いびつになるしかない。

日本国を好きで日本政府のやった失敗をも正当化してくれる、大正期の言葉で言うと過激、矯激な愛国心の持ち主が、日本国が嫌いなくせに日本政府のくれる特権が大好きな人たちの権力と、彼らがやる失敗を全部正当化してきたという構造があるんじゃないかと思います。

国家と生命の関係

小倉（紀） 日本、韓国、アメリカでは、個人の肉体的生命が生命だと考えるが、国家に生命があるということを無視している。日本人、韓国人は経済的に豊かだと言いながら、かなり自分たちの生命の質に対して不満を持っている。このことが、国家と生命の関係を規定している北朝鮮に、自分たちこそが勝利していると言わせる根拠になっているということです。

この状況をどうやって変えればいいのかというのが、私の課題です。つまり国家に固有の生命があるという考え方と、個人の肉体的な生命だけが生命であると規定する西洋近代の基本的な考え方が、東アジアでは完全に対立しており、大きく言えば韓国の朴槿惠大統領も、どっちにつこうかと揺れています。この国家と生命の関係が根本的に解決されない限り、東アジアの摩擦の状況も変わらないというのが私の考えです。

個人と国家は対立しない

宮脇 国民国家になって戦争に負けたものだから、日本人には国民国家が悪かったという意識が強いような気がします。ほかの国と自分の国とか、それぞれの国民などという考え方があるから、戦

争に突っ走って負けたんだ、だから国家はよくない、なるべく国家の力を削ぎたいと考えます。

反省はいいのですが、何となくムードで、国家に対する敵視が強く残っています。三・一一の後に国家が何もしてくれないとはいっても、国家を構成しているのは私たちだということが、ほとんど誰にも自覚されていないと思います。喜んで国のために働くということ自体を何だか胡散臭く思ったり、逆行だと考えたりします。そういう個人と国家の対立という考え方があまりにも長く続いているのではないでしょうか。しかし、個人と国家の間にギブアンドテイクの関係がなかったら、たぶん日本人も日本国家も生き残れないでしょう。日本人の総体が実は日本国だという、個人と国家の間に融和的な考えが生まれてこないことが、いま日本が行き詰まっている原因じゃないかと思います。

領土も国民も特殊な日本

小倉（和） 国家は領土と国民と主権の三要素から成り立っています。領土という空間によって国を区別し、国民という人的なまとまりによって国を区別するという考え方です。では主権というのは何かというと、観念的な意味での他者の存在を前提とした、一種の自己規定です。

領土から見ると、日本は非常に特殊な国です。日本は数百年間、領土が動いていません。もちろん植民地時代、台湾や朝鮮半島が日本の領土だった時代はあるのですが、領土的な概念を国民は長い間共有しています。

第二の要素の「国民」も、日本人は単一民族ではないけれども、非常に均質的です。つまり、世界の中で非常に特殊な国です。

そこをまず認識しておかないと、日本というものを議論するときに間違います。日本は今ガラパゴス化しつつあるといいますが、僕にいわせれば、日本はもともとガラパゴスです。領土も国民も、国家として非常に特殊です。

次に主権です。精神的空間として今の日本を見ると、相当ほころびが出てきています。民主主義国家であり、自由主義であり、市場主義を信奉する国家であるという点においてです。

（構成・編集部）

（おぐら・かずお／元韓国・フランス大使）
（みやわき・じゅんこ／東洋史）
（おぐら・きぞう／東アジア哲学）
（くらやま・みつる／憲政史）

＊全文は『環』57号に掲載

「国民国家」は十八世紀末に誕生し、極東日本で成功を収めた。

国民国家の誕生

宮脇淳子

十八世紀末に誕生した「国民国家」

日本語の「国民国家」は、英語の「ネイション・ステイト（nation-state）」の翻訳だが、この言葉が誕生したのは歴史的にはたいへん新しく、今から二百年ちょっと前の十八世紀末にすぎない。世界史上初めての国民国家は、植民地の市民たちがイングランド王の私有財産を乗っ取って独立戦争を戦い、一七八九年に誕生したアメリカ合衆国（United States of America）である。同じ一七八九年、革命が北アメリカからフランスに飛び火して、郊外のヴェルサイユ宮殿にいたフランス王ルイ十六世が、市民によってパリに拉致され、その三年後には処刑されてしまった。あとで詳しく述べるが、さまざまな混乱を経たのちフランスという国家が誕生し、こうして西ヨーロッパでも国民国家の時代が始まる。

国民国家とは、①国境がはっきりあって、②その内側に住む国民は歴史を共有し、③同じ言葉を話し、④みなが平等の権利を有する国家の主権者である、という政治形態である。このように条件を羅列してみると、いったい世界のどこで国民国家の理念が本当に実現しているのか、と言いたくなるが、たてまえとしては、現在、地球上に存在している国家はすべて国民国家ということになっている。（中略）

戦争に強い国民国家

「国民国家」という政治形態は、すぐにまわりに波及して、ヨーロッパ中に広まった。その理由は、国民国家が戦争に強かったからである。フランス軍が無敵だったのは、ナポレオンが軍事の天才だったからだけではない。

君主制だと、君主は自分の財布からお金をはたいて、兵隊を雇い、訓練しなくてはならない。大規模の常備軍をかかえておくことは、あまりに金がかかりすぎて、ほとんど不可能に近い。雇われている兵隊たちも、死んでは元も子もないから、君主間の戦争では、勝ち負けがはっきりしたところで、勝った側が領地・領民を獲得して終わっていた。ところが、国民軍は、それに比べるとほとんど無限に近い数の兵士を徴兵でき、短期間で大軍を動員できる。

国民国家の時代になると、国民の最大の財産は「国土」である。そうなると、国民軍の兵士たちは、自分たちの財産である国土を、外国人の侵略から防衛するために勇敢に戦うに決まっている。君主制における軍隊の兵士が、自分の給料をかせぐために戦うのとはまったく違う強い動機がある。フランスの場合は、ナポレオン一代のあいだ、ヨーロッパには、彼の国民軍に対抗できる君主は一人もいなかった。(中略)

国民国家化に成功した日本

日本はもともと、現代化、国民国家化に成功をおさめるのに、ひじょうに有利な条件を備えていた。

なぜなら、まず第一に、七世紀の後半に建国した当初から(日本という国号と天皇という君主号は、六六三年の白村江の戦いで、唐・新羅連合軍に敗れた衝撃で誕生した。詳細は、藤原書店刊行の『岡田英弘著作集第三巻　日本とは何か』参照)、日本の土地は、四方を海でかぎられていて、日本国がどこからどこまでかは、自明のことだったからである。

第二に、おとなりのアジア大陸に対しては、ずっと鎖国の方針を堅持してきて、韓半島の政権とも、歴代のシナ王朝とも、いっさい正式な外交関係を持たなかった。(このことについては違和感をもたれるだろうが、前掲書を参照してほしい)

第三に、十九世紀の開国の当時、海外に居住している日本人はほとんどなく、国内に居住している外国人もほとんどなかったので、だれが日本人かは、これも自明のことだった。

第四に、皇室が外国の君主と関係を持たなかったおかげで、日本列島の内部に、外国の領土があるということもなかった。

というわけで、十九世紀に開国したときには、日本は、すでに国民国家の条件を完全に備えていた。

しかも、七世紀の建国のとき、シナの侵略から自衛するために、日本天皇という制度を採用して以来、天皇は日本文明の中心であり続け、しかも十九世紀まで、そのまま生き残っていた。そのおかげで、天皇は、ほとんど自動的に、新しい日本国民の統合の象徴になれた。だから、幕藩体制から国民国家への転換が、簡単にできたのである。

(構成・編集部)

＊全文は『環』57号に掲載

昨年十二月に亡くなった詩人・作家の辻井喬（堤清二）氏を偲ぶ。

堤さんの中の辻井さんを感じた時

中村桂子

子どもたちが自然を楽しむ場を

一九八〇年代の終わり、生命誌研究館の構想を練っていた頃に堤さんからテーマパークの計画を伺いました。場所は群馬県の赤城の山で、広さは一二〇ヘクタール（三六万坪ほど）ありました。そこを自然園にして、とくに子どもたちが自然を楽しむ場にしたいとおっしゃるのです。昆虫や花に親しみ、自然とは何かを考える場所をつくる。夢のある壮大な構想でした。

生命誌研究館はゲノム（DNA）研究を基本にしますが、生命科学研究のようにモデル生物だけを対象に実験室でメカニズムを解く学問にとどまらない知を創り出すことを求めていました。自然の中のチョウ、ハチ、クモ、イモリなどなじみの小動物を研究室に呼び込んで、彼らの生きる姿を知ろうと考えたのです。そこから「生きている」とはどういうことかを知り、それを日常とつなぎたいと思ったからです。

それと連動して自然園があったらよいねというのが、堤さんの提案でした。願ってもないことと早速担当の方たちと赤城を訪れ、地元の昆虫愛好家と一緒に山の中を歩きました。この構想の特徴は、「自然を造る」というところにありました。日本人が美しいと感じる自然は、鬱蒼とした森ではありません。少し開けた林に清流が流れ、ところどころに小さな滝があり、あちこちに野草が咲いているというイメージです。そのような自然を徹底的につくりながら、そこを歩く人々には作為は感じさせない場にしようというのです。

夢を形にする企業人

アメリカを代表するテーマパークであるディズニーランドは、徹底的につくり込んだおとぎ話の世界でありながら、皆が自然にその中へ入りこめるように工夫されています。それがアメリカなら、日本は木や花や水で理想の場をつくるという発想は生命誌ともつながります。

すぐにはこれを支える事業がうまく行かず、堤さんの夢としての自然園は実現しなかったようです。しかし現在、ホームページに「人も自然の一部であることを思い出させてくれる共生の森」とある「赤城自然園」が「クレディセゾン」によって運営されています。その中でも人気のあるしゃくやくの美しい「セゾンガーデン」の写真を見て、私が訪れた時しゃくやくを植えていた方々と、将来の夢を語り合ったことを思い出しました。

ビジネスの世界には疎いので細かいことは分からないのですが、「自然園」について語る堤さんはどこか少年のようでした。そこには、詩人辻井喬が重なっていました。事業にあたるとき、内から湧いてくる夢を形にするという企業人は多くはありません。それ故に面倒なこともあったのでしょう。少し首を傾けながら一つ一つの言葉を紡ぎ出すように静かに話して下さった姿が忘れられません。

生命誌研究館はたくさんの方に支えられて二十年間の活動を続けてきました。その出発の時点で、自然との向き合い方を語り、行く道を見せて下さった方として堤+辻井さんがいらしたことを、今改めて思っています。

(なかむら・けいこ/JT生命誌研究館館長)

(『環』57号より転載)

▲辻井 喬(堤清二)
(1927–2013)

1927年東京生。詩人・作家。1951年、東京大学経済学部を卒業。1954年、父・堤康次郎から赤字続きの経営再建を命じられ、西武百貨店に入社。その後、池袋パルコ、渋谷パルコなどの新しい百貨店文化の創成にかかわる。1975年、西武美術館(のちセゾン美術館)を開館、館長に就任。芸術文化に高い関心を持つ企業経営者として活躍。その傍ら、1955年に詩集『不確かな朝』を刊行、以来数多くの詩集、小説、エッセイ等を出版。仏語、英語、中国語等の翻訳出版も多数。財団法人セゾン文化財団・財団法人セゾン現代美術館理事長等を歴任。2013年11月、死去。

[小説]
『彷徨の季節の中で』『沈める城』『風の生涯』『父の肖像』『虹の岬』(第30回谷崎潤一郎賞) 等
[詩集]
『異邦人』(第2回室生犀星詩人賞)『群青、わが黙示』(第23回高見順賞)『わたつみ 三部作』『呼び声の彼方』『死について』等
[エッセイ・評論]
『深夜の孤宴』『伝統の創造力』『新祖国論』『生光』等

当事者にとどまらない「表現としての水俣」

水俣は大きな時代の転換点を迎えている

漁師　緒方正人

今の状態というのは突然起きたわけではないのです。水俣条約にしても、あるいは天皇、皇后の水俣訪問にしても、ある意味では行政側も、それから時代状況からも、おそらく何年か前には想定できたことだと思います。

というのは、水俣病の患者が高齢になって、どんどん亡くなっています。体験した当事者がだんだん少なくなっているのです。語り部もだんだん亡くなり、証言する人の世代交代も進んでいます。そうすると、当事者性が弱くなっていくといいますか、水俣病の問題が一般化されていくという動きがあると思います。それと同時に、これも前から指摘していることですけれども、システム社会の中に組み込まれていき、福祉政策に依存する体質が強化されるような動きが起こっています。

現在水俣に求められているのは、表現としての水俣という立ち位置にあるのだと、私は思います。そして、その表現ということが、当事者にとどまらない時代に入ってきていると思います。当事者が少なくなればなるほど、若い人たちでも、直接の患者や被害者でなくても、表現することが求められています。これは水俣でもそうですが、沖縄や広島、長崎でもそうだろうと思います。しかもプロでなくても、アマチュアでも誰でも、音楽であれ、芸術であれ、いろんな表現が可能で、そして許される時代だと思います。

そういう意味で、水俣は大きな時代の転換点を迎えています。そして私が少しいらだつのは、そんなことは予測できたことだろうということです。これは全体に対していいたい気持ちです。ついさっき起きたわけではない。たとえばこれまで、長い間、闘争としての水俣とか、東西の闘争を象徴する三里塚と水俣とか、言われてきたけれども、それはもう三十数年前に終わっていることです。いつまでもそういう幻想にしがみついて、まだ闘いの水俣とか、二極構造の加害・被害みたいな論点でのとらえ方は、いきづまることが目に見えていた。いきづまったがゆえに現代の制度社会に政策的に組み込まれていく。とうとうそうなったかというのが、私の感じていることです。二極構造論ではない訴え方や表現が大きな柱になっていくと思います。

（構成・編集部）

＊全文は『環』57号に掲載

世界が転換点にある現在、日本は国家として自立しているか？

学芸総合誌・季刊

環【歴史・環境・文明】

2014年春号　vol.57

KAN : History, Environment, Civilization

a quarterly journal on learning and the arts for global readership

〈特集〉今、「国家」を問う

菊大判　予456頁　3600円

金子兜太の句「日常」　石牟礼道子の句「泣きなが原」

〈緊急特別寄稿〉ウクライナ問題の真実は何か　木村汎

〈座談会〉ユーロ危機と欧州統合のゆくえ

アマーブル＋田中素香＋福田耕治＋山田鋭夫＋植村博恭（通訳・司会）

小特集

〈インタビュー〉水俣は大きな時代の転換点を迎えている　緒方正人

絶望の先の“希望”――花の億土へ　石牟礼道子

名著『苦海浄土』生誕の地、壊さる（浪床敬子）

■特集■今、「国家」を問う

〈座談会〉今、「国家」を問う　小倉和夫＋宮脇淳子＋小倉紀蔵＋倉山満

国家、国民、法服貴族　ピエール・ブルデュー（立花英裕訳）

国民国家の誕生　宮脇淳子

現代国家論と日本――衰退と劣化を免れられるか　宇野重規

国際金融と国家　榊原英資

軍事と国家　佐瀬昌盛

民族と国家――「ナシオン」と「民族」の隘路をくぐり抜けて　田中克彦

衛生思想を見直す――後藤新平著『国家衛生原理』を読んで　西宮　紘

琉球にとって国家とは何か　松島泰勝

ボーダーから見える国家の揺らぎ――正しい領土教育を目指して　岩下明裕

「擬制」としてのメディア――体験的メディア論からメディア再生への視点を問う　木村知義

夢想=妄想としての「仮想国家2.0」　西垣　通

国家の強制力は必要であり、同時にその分立は有害である　立岩真也

教育と国家――脱=開発国家への可能性を問う　苅谷剛彦

紛争する国家　伊勢﨑賢治

原発と国家　鎌田　慧

「地方分権」の先にあるもの　増田寛也

「人口問題」と日本の立場　速水　融

〈コラム〉「暦と国家」井上　亮

〈小特集〉日本近世・近代の国家観

熊沢蕃山　田尻祐一郎／林子平ほか　前田勉／吉田松陰ほか　桐原健真／横井小楠ほか　松浦玲／渋沢栄一　片桐庸夫／井上毅　井上智重／内村鑑三　新保祐司／徳富蘇峰　杉原志啓／南方熊楠　松居竜五

〈小特集〉追悼・辻井喬／堤清二

石川逸子／岩橋邦枝／岡田孝子／尾形明子／加賀乙彦／黒古一夫／小沼通二／坂本忠雄／瀬戸内寂聴／多賀谷克彦／財部鳥子／中西進／中村桂子／福島泰樹／福原義春／松本健一／三浦雅士／道浦母都子／由井常彦　（50音順）

書物の時空

〈名著探訪〉　上田正昭／芳賀徹／森崎和江／上田敏

〈書評〉渡辺京二『逝きし世の面影』　新保祐司

岡田英弘『日本とは何か』（『岡田英弘著作集』第3巻）　鈴木一策

表現の規制・圧殺について――マリー・ダリュセック『警察調書：剽窃と世界文学』を翻訳して　高頭麻子

《まがいもの》の現代とまっとうな歴史――『細川三代　幽斎・三斎・忠利』刊行から三年を経て　春名徹

〈川勝平太 連続対談 日本を変える！〉5　芳賀徹

江戸文明から考える日本の未来

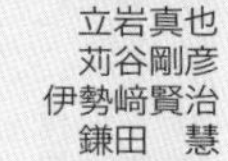

連載

〈フランスかぶれの誕生―「明星」の時代〉4　印象派という流行　山田登世子

〈ナダール――時代を「写した」男〉4　カリカチュアの方へ　石井洋二郎

〈文化人類学者の「アメリカ」〉4　グローバリゼーション(Globalization)　玉野井麻利子

〈旧約期の明治――「日本の近代」の問い直しのために〉（最終回）

福本日南の『清教徒神風連』　新保祐司

〈北朝鮮とは何か〉5　ソフト・パワーからソフト・ウォーへ　小倉紀蔵

〈生の原基としての母性〉7「母性保健」と「科学的根拠」【AMTSLを例として】　三砂ちづる

〈詩獣たち〉14　死を超えて汽笛は響く【小林多喜二】　河津聖恵

〈伝承学素描〉33　中野裕道の精神圏　能澤壽彦

「現在の危機は金融の危機とエコロジーの危機である」（リピエッツ）

グリーンディール

アラン・リピエッツ

現在の二つの危機

一九三〇年代の状況との最大のちがいは、明らかにエコロジー問題が出現したことであり、この問題は、現在の経済危機の中心を占めています。このちがいが存在するので、かつてのルーズベルト的ニューディールである大量消費という単純な景気回復による危機からの「ケインズ主義的」な危機脱出の展望は決定的に有効性を喪失しています。エコロジーの問題は、二重の危機です。一方では健康問題を引き起こす世界的な食糧危機が存在すると同時に、他方では、気候への影響やフクシマのような事故をもたらすエネルギー危機が存在します。

これら二つの危機は相互に反応しあうと同時に、自由主義の危機と連動しています。（…）これらの問題は（二〇〇七―二〇〇八年の）サブプライム金融危機に先んじて悪化しましたし、その起爆剤でもありました。そして現在でもこれらの問題は悪化し続けていて、世界的レベルでの物質的財の大量消費という景気回復政策を通じて危機からの脱出を図ることを不可能にしています。

したがってすべての危機脱出は、食糧およびエネルギーという二重の移行の側面を有することになります。そのため、文化的な変化が要請される。この場合、人間関係の強さが消費権力に対して回復される。グローバルなニューディールが必要であるが、それはエコロジー的であり、グリーンディールでなければならない。

言うまでもなく、現在の危機はきわめて複雑であるがゆえに、現代にケインズが生きていたとして、新たに『一般理論』を書くとしても容易なことではないし、国際的な交渉者たちの任務も容易ではありません。このような条件のもとでは、一九三〇年代末のように、庶民がナショナリズムと権威主義による解決という幻影のなかに逃げ込むことはまったく可能です（そして、私は実際にその可能性があることを恐れています）。このことは、しかし、間違いなく新たにグローバルな紛争の火種を引き起こすことになります。（…）

日本がとるべき道は

したがって、現在「何をなすべきか」について書斎でプランを作成するだけでは不十分なのです。このプランを現実に庶民の願いとどう合致させるか、その仕方について検討しなければならない。今日までエコロジストたちはほとんどこの問題について論じてこなかった。彼らは余りにもつぎのように断言することが多かった。「眼前に迫りつつある破局を見なさい。この世は終末に向かっています。私が言うようにしなさい。さもないと、あなた自身の終わりが待っています。」だが、これでは説得できません。本書の第5、6章で説明しているように、私は人びとがグリーンディールを愛して、選び出すための一〇の結論を打ち出しています。

▲A・リピエッツ
（1947-　）

たとえば日本では、フクシマの事故によって世論は原発拒否に向かうはずであり、エネルギーを過剰に消費する体質を問い直すことを受け入れるはずです。これは、驚くべき好機です。日本は現在中国とのますます激化する競争の脅威に曝されており、中国の技術は大変早い速度で成長しているのに対して中国の賃金水準は相対的に大きく停滞しています。このなかで、日本は生活水準を維持して、それを改善するしか術がありません。すなわち、「生活の質」によって競争力を発揮し続けることです。そのために、日本はトヨティズムの時期から継承している勤労的な知力のすべてを投入して、生産と消費様式のエネルギー効率を改善することができるでしょう。さらに、美しさが最優先され、清貧と雅びにもとづくような社会を構築するために、すべての国民的な誇りを活用することができます。要するに、国家設計のデザインをグリーン革命に役立てることによって、一九九〇年代の日本の優位を復活させることができるでしょう。（後略　構成・編集部）

（Alain Lipietz／エコノミスト・エコロジスト）

井上泰夫訳

グリーンディール
自由主義的生産性至上主義の危機とエコロジストの解答
アラン・リピエッツ　井上泰夫訳
四六上製　二六四頁　二六〇〇円

『資本論』にハムレットを引用したマルクスの真の問いとは？

マルクスとハムレット

鈴木一策

ハムレットにおける「正義」の揺らぎ

ハムレットは、父王の亡霊から「叔父クローディアスに毒殺された」との真相を知らされ、復讐を誓う。この通説は、なぜハムレットが復讐を延期し続けるのか訳が分からず、「正義」の父王を思い「悩む王子様」ということにしてケリをつけてきた。だから、かの有名な独白は、「生きるべきか、死ぬべきか、それが問題だ」と翻訳されてきたのである。しかし私はハムレットを、父王の「正義」に縛られながらも、はみ出した存在と見る。

父王の亡霊は、通説に反し、全く「毒」に言及していない。それどころか、のっけから息子に「生前犯罪の数々を犯していた」と告げ、「全身をカサブタに覆われた」と梅毒まで自白する奇妙な存在だった。ハムレットは父王の「正義」を確信したいと思いつつ亡霊と対話するのだが、和平交渉で丸腰のポーランド人をめった打ちしたという悪評や梅毒にかかったという噂が念頭をよぎる。その疑念が亡霊の先の奇妙な物言いに投影されている。だから「あるのか、ないのか、疑問《クエスチョン》だ［分からない］」（三幕一場）とは、父王の「正義」を根源から疑い始めるようなラディカルな独白なのだ。そうした「疑問」に宙吊りにされたハムレットを「悶えるハムレット」と呼びたい。

エリザベス女王支配下のイングランドにおける近代化は、ケルト的祝祭の五月柱祭《メイ・ポール》を禁止し、生活の必要から放浪する人々を、乞食として牢獄に叩き込んだ。劇作家となるまで地方を巡業する役者であったシェイクスピアは、この投獄の恐怖を味わう。「おれは乞食だ」、「デンマーク［実はイングランドを指す］は牢獄だ」、「乞食が本体で、わが君主たちや自分を大きく見せる英雄たちは、乞食の影」（二幕二場）というハムレット王子の発言には、その体験がにじみ出ている。

旧体制のカトリック・スペインの無敵艦隊を撃破し、ローマを凌ぐ帝国に成り上がろうとしていたイングランドは、この路線の邪魔となるものを異物・怪物としてねじ伏せようとした。この近代化に巻き込まれ、思わぬしっぺ返しを食らった民衆の悶える姿を、シェイクスピアはハムレットの「悶え」に仮託したのだ。ハムレットが確信できなかった父王の「正義」は、このエリザベス体制の「正義」に通じるのである。

マルクスの「悶え」

このハムレットの悶えに感応したのがマルクスである。従来は、労働者から利潤を搾り取る「怪物・異物」としての資本の謎を暴きねじ伏せようとする「正義」のマルクスだけが注目されてきた。資本の謎を暴く尺度は「社会が平均的に必要とする労働時間」だと主張し、価格の正体をつかもうとするマルクスを真に受けた解釈であった。

▲鈴木一策（1946- ）

実は、ハムレットの有名な独白を意識し、商品の価値を「亡霊のような対象」とし、「どこを、どうつかんでよいやら、分からない」と形容したのが『資本論』第一章商品・貨幣論だった。その際、マルクスは価格の不気味さに直面していた。ハムレット他、シェイクスピアの引用には、価格の亡霊性にこだわり、揺れるマルクスが図らずも顔を覗かせている。

だからこそ、商品の価格と出荷量を決定する売り手の判断・推理を「命がけの飛躍」と命名し、返品の山を抱え込むようなしっぺ返しの徴候を示唆した。売り手ばかりでなく買い手も、不気味な価格にふりまわされしっぺ返しを食らう。「安くて・便利で・おいしい」と買ったものが、阿片の混ぜ物だったといった消費の闇を克明に追跡したマルクスは、資本の謎を一刀両断するどころか、つかみどころのない価格に振りまわされ思わぬものをつかまされ、原因が分からずに悶える民草の生活の襞に触れている。

価格の正体をつかんだつもりになりながら、「どこを、どうつかんでよいか、分からない」価格の亡霊性につきまとわれ、悶えるマルクスの姿こそ、経済成長という亡霊に取り憑かれながら悶える私たち自身の生活の襞を照らし出すであろう。

（すずき・いっさく／哲学・宗教思想）

マルクスとハムレット
新しく『資本論』を読む
鈴木一策
四六上製　二一六頁　二二〇〇円

日本はアジアとともに発展できるか？　レギュラシオンからアジアを見る。

転換期のアジア資本主義

山田鋭夫・磯谷明徳

「資本主義アジア」の誕生

アジア経済が「資本主義」の概念で捉えられるようになったのは、それほど古い話ではない。第二次世界大戦までの「植民地」アジアは多くの場合、西洋によってモノカルチャー型経済を押しつけられていたのであり、戦後に民族的独立を達成したあとも資本主義的な発展軌道にはなかなか乗ることができなかった。資本主義ではなく、社会主義を標榜する国家もいくつか存在した。ようやく一九七〇年代になって、日本に続いてアジアNIEsと呼ばれる「四匹の小龍」（韓国、台湾、香港、シンガポール）が高い経済成長を開始し、一九八〇年代にはインドネシア・タイなどASEAN諸国がテイクオフし、さらに一九九〇年代には中国やインドが続いた。中国を含めて「資本主義アジア」が登場した。

「資本主義アジア」の激変

だが、その資本主義アジアはいま大きな「転換期」にさしかかっている。アジアが「資本主義」の語で括られうるようになったかと思う間もなく、そのアジア資本主義は「転換期」と呼ぶにふさわしい激変を経験しつつある。どういう転換か。

第一に、アジアを取りまくグローバル経済は、二〇〇八年のリーマンショックに象徴されるように、従来の金融主導型経済が構造的危機に陥り、そのなかで大きく変容しつつある。日米欧の成長力や経済力が弱体化し、代わりにアジアをはじめとする新興市場経済諸国のプレゼンスが俄然、高まってきた。いまやアジアは「世界の成長センター」と呼ばれ、ある意味でアジア経済の好不調が世界経済の命運を握るようになった。「停滞」のアジアからの何という変身であろうか。

第二に、この何十年来、金融と消費のアメリカに対して、アジアは世界の生産と輸出の基地としての地位を確立してきたが、いまやアジアは「世界の工場」から「世界の市場」へと転換しようとして

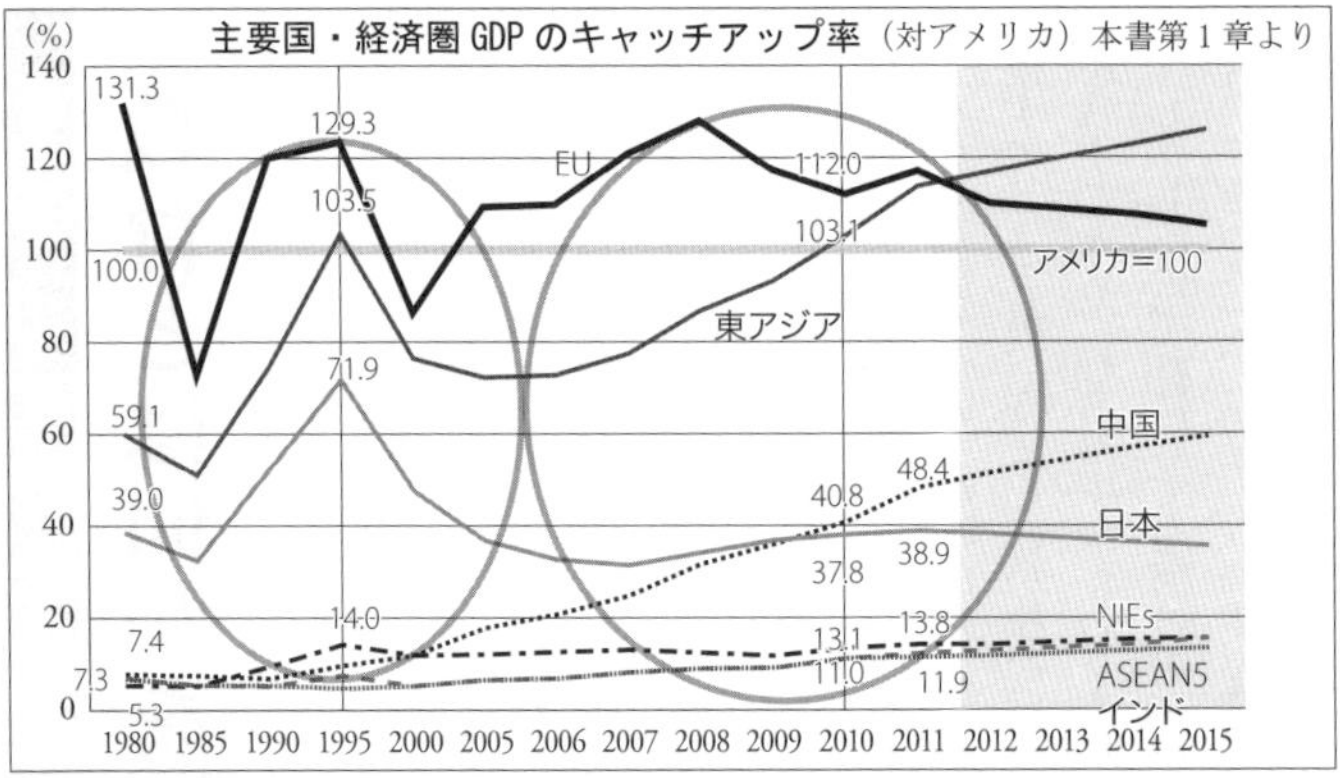

いる。いや、アジアが「工場」であることをやめたわけではない。アジアは「工場」であると同時に「市場」となり、生産基地であると同時に消費基地となりつつある。膨大な人口と、そのなかで形成される膨大な中間層が消費拠点アジアを支えようとしている。もっとも、かつて「公平を伴う急速な成長」（World Bank 1993）と讃えられた東アジアではあるが、近年の新自由主義の帰結なのか、格差社会化しているのも他方の事実であって、確固たる内需形成と健全な市民社会の定着は一筋縄ではいかない。

　第三に、アジアの域内経済関係の緊密化が進み、それが現在、大きな転換点に差しかかっている。アジアでは中間財の域内貿易を中心として各国の市場が相互に連結しあい、また相互間の投資も活発化し、事実上の経済統合が推進されてきた。そうした市場主導のデファクトな地域統合から、いまアジアは政治・外交交渉にもとづく制度主導の地域統合へと舵を切っている。かつてのＡＳＥＡＮの結成は制度主導的地域統合のはしりであったが、やがてＡＳＥＡＮ＋３（日中韓）が制度化され、さらにはＡＳＥＡＮと各国とのＦＴＡ（自由貿易協定）がいくつか発効し、これに新たにＴＰＰ（環太平洋戦略的経済連繋協定）の問題が加わって、アジアの地域経済統合は新しい局面を迎えつつある。

（構成・編集部）

（やまだ・としお／名古屋大学名誉教授）
（いそがい・あきのり／九州大学教授）

転換期のアジア資本主義
植村博恭・宇仁宏幸
磯谷明徳・山田鋭夫 編
Ａ５上製　五〇四頁　五五〇〇円

「生きるとは、矛盾する内外の情報刺激に『折り合い』をつけていくこと」

教育とは何かを問い続けて八十年

大田　堯

生きるとは、私流儀で語らせていただくと、内なる自分と、その自分を囲む外なる世界からくる刺激というものとの間、つまり矛盾する内外の情報刺激に「折り合いをつけて」、新たな選択を重ねることでは、と考えます。その選択にあたっては、諸々の悩みが伴っているはずです。うまく「折り合い」がつけば、快感を残すでしょうが、うまくいかないで悩みを残すことも、むろん少なくありません。しかし、いずれにしても何とか「折り合い」をつけて、私という個体を維持していくことが、「生きる」ということではないかと思います。

実はその「折り合い」の蓄積が、その都度私を変えてきたということでして、それが九十六歳という年齢に達したというわけです。赤ん坊から今日の老いぼれまで、私はたしかに紆余曲折を経て変わりつづけてきましたが、母の胎盤を去った後の私は、けっきょく今の私自身でこの世を閉じるわけです。

私自身の間違った教育や教養の既成観念を反省し、未熟ながらも、学習というものの重さにたどりついたのでしたが、それは決して教育や教育研究を軽視するのではありません。

わが国の戦後なお歴代政権を支える教育の既成観念を克服していく、生命の持続のための社会の根本機能としての教育の重要性を、人びとと共に分かち合おうということです。こういう意味の教育研究、アートとしての教育の研究は、実に重い社会的責任を背負うことになるのです。そういう意味からすると、教育研究は少なくとも人文、社会科学の中核ともいうべき、夢大きい研究分野を形成するはずのものです。

そういいながら私自身の研究はなお甚だ未熟ですが、大きな教育研究の課題のほんの一点を表現したにすぎません。人生の終末に及んで、この大きな夢だけは、若い世代と分かち合うことはできないものかと感ずる次第です。

（おおた・たかし／教育研究者）

大きな木

曽貧《そうひん》(埼玉大学非常勤講師)

緩やかな坂を上ると、その先に大きな一本の木があります。木の下の隠れたところにあるのが大田先生の御宅です。日本に留学してから約十年間、僕は教育科学研究会の「地域と教育」部会、「大田先生を囲む留学生の会」のメンバーとして、ほぼ毎月お邪魔しました。

一階の書斎は、僕にとって神聖な場所です。書斎の半円形の壁沿いに天井まで届く本棚があります。本棚にはどれも僕が喉から手が出るほど読みたいと思う本がぎっしりと並んでいます。本棚の前には長い曲線を描いたテーブルがあります。本棚とテーブルの間にたくさんの椅子があり、真ん中は家主・大田先生の席です。その右隣は、僕の指定席です。世紀を超えた日本の教育界の泰斗のお隣に座らせていただき、すぐ傍で先生の磁場をたっぷり感受し、いつも不思議な気持ちでした。

太平洋戦争の南方の海から生還し、戦後日本教育の歴史を、民衆の視線と研究者の目で検証し、また、日中教育交流の先駆けである大田先生の、物静かな体から、大らかな優しさと暖かさを僕はつねに感じています。

「鳴かせて見せる」でもなければ、「鳴くまで待とう」でもない。大田先生の教育の「第三の道」に、中国から来た僕は魅了されました。僕は「その気になる」まで、実にいろいろな遠回りをして来た人間です。中国の大学で日本語を学び、卒業してから六年間国際学術交流の仕事をし、日本に来て二年間会社勤めをして、再び大学院に入って、環境教育の研究をするようになりました。恩師・藤岡貞彦先生のおかげで、大田教育学を学び始めたのは一九九六年の春でした。

大田先生の文章は僕のような外国人にとっても、非常にやさしくて、分かりやすいものです。しかし、このやさしい日本語を中国語に翻訳する時は大変でした。民族の文化の日常の表現の中でこそ、深い思いが凝縮されたことが分かりました。そこに教育研究の重要な方法論があります。また、人為のさまざまな境を取り払い、異なる存在の中で共通感覚を求めることも大田先生に学んだことです。

(後略　構成・編集部)

◎「教育とは何か」を根底から問い続けた集大成。
大田堯自撰集成　全4巻
3 生きて——思索と行動の軌跡
月報＝曽貧・星寛治・吉田達也・桐山京子・北田耕也・安藤聡彦・狩野浩二　[第三回配本]
四六変上製　予三六八頁／口絵二頁　二八〇〇円

新リレー連載　近代日本をつくった100人　1

渋沢栄一――「合本主義」の提唱

渋沢雅英

今「合本主義」が見直されている

二〇一三年一一月二五日、パリのOECD本部の会議室で、明治維新の直後に渋沢栄一が、提唱した「合本主義」という経済システムに関する公開討論が行われた。これは渋沢栄一記念財団が、四年ほど前から企画推進してきた日米英仏の第一線で活躍する八名の研究者たちによる国際共同研究の成果を世界に問おうとするものであった。

合本主義は、当時の途上国日本で、急速な成長を可能にした考え方であり、又現代の資本主義の変革への示唆を秘めているという文脈で、この討論は広い関心を集め、OECD駐在の各国大使をはじめ、予想を上回る多数の経済官僚や経営史研究者などが参加した。

民間で活動した渋沢栄一

渋沢栄一は慶応三（一八六七）年、パリ万博に参加する徳川昭武の随員としてフランスに渡航、一年余りの滞在と欧州歴訪を経て、近代化された国々の社会経済の、きわめて合理的な構造に驚嘆し、維新後の日本に求められている変革についてもかなり現実的な構想を持って帰国した。明治二（一八六九）年から六（一八七三）年まで、大蔵省に奉職、改正掛りの責任者として、廃藩置県や、それに伴い失職した武士階級の救済など、広範な政策課題に取り組むいっぽう、今後の経済運営の方向として「合本主義」を提唱した。

明治四年には会社設立の手引きとして「立会略則」を著し、明治六年には三三歳で退官し、日本初の西欧型金融機関である第一国立銀行の総監役に就任。その後は昭和六（一九三一）年九十一歳で亡くなるまで、終始民間で活動し、二度と官界に戻ったり、政治に関係することはなかった。

日本の経済界を育成

OECDでの討論をまとめた『グローバル資本主義の中の渋沢栄一』（橘川武郎・パトリック・フリデンソン編著、東洋経済新報社）という本は、「合本主義」を「公益を追求するという使命や目的を達成するのに最も適した人材と資金を集め、事業を推進させようという考え方」と定義している。文中で島田昌和は栄一の最大の功績は、多くの資金と人材が出入り可能な市場型経済モデル、つまり参入退出が自由なオープンマーケットモデルを形成したことだと述べている。また宮本又郎はこれを「顔の見える資本主義」ととらえ、栄一の果たした歴史的役割は、株式会社の急速な普及に対応して、日本の経済界を育成、リードしたことだったとし、さらに、（栄一は）トップマネージメントの職責を担う多くの管理職社員を選任し、それを監督するとともに、大株主からの圧力から庇護し、調整して、多数の企業の運営の責任を果たしたと述べている。

▲渋沢栄一（1840-1931）
実業家。武蔵榛沢（埼玉県深谷）の農家の子。幼名栄二郎。従兄尾高惇忠から『論語』を学び人生の指針とする。家業に従事したのち、尊皇攘夷運動の曲折の中で考えを変える。一橋家に仕え、同家財政改革に手腕を発揮、渡仏。帰国後、合本組織（株式会社の先駆）商法会所を設立。新政府の大蔵省に奉職。辞職後は第一国立銀行など多数の会社を設立・経営。また、東京商法会議所などを組織した。

多くの学校の運営を支援

「合本主義」の特質は、カネだけでなくヒトをも重視することにあり、多くの教育機関にたいする栄一の息の長い努力は、日本の近代化に大きな成果をもたらした。一橋大学の場合は明治八（一八七五）年、商法講習所の設立に関係して以来、商人には高等教育はいらないという当時の風潮にあらがい続け、一八八七（明治二十）年に高等商業学校、一九〇二（明治三十五）年に東京高等商業学校、ようやく一九二〇（大正九）年に東京商科大学となるまでの四五年間の努力は並大抵ではなかった。ちなみに日本女子大学をはじめ、多くの学校の運営を支援するため、栄一が個人的に拠出した寄付金の総額は、現在の貨幣価値に換算して六億四千万円にのぼっている。

なお前記の本の編著者、橘川武郎は最終章のなかで、合本主義は多くの後発国にも有効であろうし、またリーマンショック以後の世界経済に挑戦するものでもあり、今後の研究活動を通してそうした挑戦の一翼を担うという研究者一同の決意を表明している。

（しぶさわ・まさひで／渋沢栄一曾孫・渋沢栄一記念財団理事長）

Le Monde

■連載・『ル・モンド』紙から世界を読む　133

アフリカと同性愛

加藤晴久

アフリカには大小五四の国がある。そのうち三八カ国で同性愛は法律で処罰の対象とされている。スーダン、モーリタニア、ソマリア、ナイジェリア北部では死刑も含まれる。近年、いくつかの国では、より厳罰化の動きが強まっている。

いちばん人口の多い（約一億七千万人）大国ナイジェリアでは、一月に新法が制定され、同性愛行為に対する一四年の刑が結婚を企てる同性愛者にも適用されることになった。同性愛関係をおおやけにすると一〇年の刑。同性愛者を支援する団体やデモを支持する行為も一〇年。ウガンダでは死刑を含む法案が提出されたが、二〇一三年末に採択された法律では終身刑に「抑制」された。

コンゴ民主共和国では二〇一三年末、三〜五年の刑を含む法案が提出された。リベリアで二〇一二年に提出された法案は同性愛関係を「プロモーション」することを罰する規定が含まれている。曖昧でいくらでも拡大解釈が可能な語である。

法で罰するだけではない。南アフリカは同性婚を認めている例外的な国だが、同性愛の女性に対する「懲罰」だとする強姦が横行している。カメルーンでは一三年七月に同性愛者である著名なジャーナリストが自宅で拷問の上、殺害された。

他のむずかしい問題から国民の目をそらす意図をもって政府が同性愛取締を利用している面がある。アフリカ社会はまた年率一〇％前後の経済発展と共に急速に変化している。伝統的な価値を守ろうという主張もある。同性愛問題を西欧の悪影響、西欧的な価値の押しつけとする見方もつよい（国連人権高等弁務官事務所やヒューマン・ライツ・ウォッチ、アムネスティ・インターナショナルなどが活動している）。さらにはイスラム原理主義の圧力、アメリカから進出している保守的な福音主義教団の影響もある（二月十五日付『ル・モンド』の記事）。

フランスでは二〇一三年五月、同性結婚法が成立。同年末までに約七千組が式を挙げた。日本の政治家（たとえば総理大臣）はこの問題についてどんな考えをもっているのだろうか？

（かとう・はるひさ／東京大学名誉教授）

新リレー連載　今、世界は　1

歴史は文化の一種

岡田英弘（歴史家）
宮脇淳子（東洋史家）

歴史は、たんに過去に起こった事柄の記録ではない。歴史というのは、世界を説明する仕方である。その場合、目の前にある現実の世界だけを対象にするのは、歴史とは言わない。今は感じ取ることができない過去の世界も同時に対象にするのが歴史なのである。

ところが、ストーリー（物語）のない説明というのは、人間の頭に入らない。だから、過去と現在の世界を同時に説明するストーリーが必要になってくる。ヒストリーとストーリーの語源は同じである。

けれども、現実の世界にはストーリーはない。ストーリーがあるのは人間の頭の中だけだ。過去は無数の偶然、偶発事件の集積にすぎない。一定の筋書きがあるわけではない。一定のコースもないし、一定の方向もないし、一定の終点もない。しかし、人間の頭でそれを説明するためには、どうしても筋書きがいる。

その筋書きが文化によって異なるから、国によって歴史認識もまったく違ってくるわけだ。

中国も北朝鮮も韓国も、今現在、国家を率いている支配層の統治の正統性は、他人の領土を侵略した悪い日本に抵抗して、自分たちの民族国家を打ち立てた、という物語にある。だから、自分たちの国内政治がうまくいかず、国民の人気がなくなりかけると、日本がいかに悪かったか、それに比べて自分はいかに正しいかを国の内外に改めて表明しなければならなくなる。反日を言い立てないと、ライバルに勝てない、正統性を失って今の地位も保てないという、日本にとって極めて不幸な状況である。

じつはアメリカも、日本が悪いことをしたから、原爆を落としたことは正義だった、と自分たちの過去を正当化してきた。もし日本が悪くなかったとしたら、自分たちの方が無辜の民を大量虐殺したという、悪魔の仕業をしたことになる。それだけは断じて認めることはできない。だから、史実かどうか、ではなく、自分たちにとって、どちらの説明が都合がいいか、ということで判断をしようとするのである。

＊一年交替の新しいリレー連載です。

連載　女性雑誌を読む　72

安成二郎
――『女の世界』26

尾形明子

安成二郎『花万朶《はなばんだ》』（一九七二、同成社）の序文に荒畑寒村が、二郎の本領は歌人と書いている。その歌集『貧乏と恋』（一九一六年、実業之世界社）から「豊葦原瑞《とよあしはらみず》穂《ほ》の国に生れ来て／米が食へぬとは／嘘のよな話」「言霊《ことだま》の幸《さき》はう国に生れ来て／ものが言へぬとは／嘘のよな話」をあげて「ユーモラスでしかも時代に対する皮肉で痛烈な風刺批評」を絶賛している。

一八八六（明治十九）年、秋田に生れた二郎は県立大舘中学校を中退して一歳年上の兄貞雄を頼って上京、徳田秋声に師事する。早稲田文科予科に入学、社会学会に所属して平民社に近づき、『火鞭』『新声』『近代思想』等に生活短歌を多く発表した。兄の貞雄は、大逆事件で処刑された菅野スガの遺体を引き取る等、社会主義に深くかかわったが、二郎はその影響を誰よりも濃く受けていた。

『女の世界』第三巻一二号（一九一七＝大正六年十二月）に、安成貞雄と仲間たち――佐藤緑葉、土岐哀果、白柳秀湖、若山牧水等々をモデルに、短編「雑木林」を発表。故郷に許嫁がいながら下宿先の娘（のち『青鞜』社員の小笠原貞子）と恋に落ちる佐藤緑葉の青春を中心に「明治四拾年一月下旬」、卒業間近の早稲田の学生群像を描いている。第四巻一二号（大正七年十二月号）に発表した短歌一二首「戦《たたかい》は終りぬ」もすばらしい。第一次世界大戦終了直後である。

「戦は今ぞをはりぬよろこびの杯を挙げ世界は唄ふ／たゝかひは終りぬ今ぞ空の雲しづかに流れ海は狂はず／日よ出でよ千萬人を殺したるたゝかひ終る戦ひ終る／戦に荒れたる土は栄ゆべし死にたる魂を返すすべなし」

『実業之世界』『女の世界』編集長の後、『読売新聞』『大阪毎日新聞』記者、のち平凡社に入社。一九七四（昭和四十九）年四月、八十七歳の生涯を閉じた。二郎は妹くら、弟四郎を実業之世界社に入社させている。永代美知代が『女の世界』常連だったのは、夫の永代静雄と二郎の関係による。人が人を呼び、人脈が広がり、相互関係の中で成り立ってきたジャーナリズムの一端を垣間見た思いがする。

（おがた・あきこ／近代日本文学研究家）

連載　ちょっとひと休み　13

アラジンのランプ（1）

山崎陽子

中学高校を共にした友人Oさんが急逝した。銀座に買い物に行く道中で気分が悪くなり、それきりだったという。あまりに急であっけない死に、友人たちは茫然とするばかりだった。

Oさんは小柄で、お雛様のような愛らしい少女だった。Oさんの登下校には影のように寄り添う男性がいて、いったい何者かと同級生の間で噂になったが、誰かが弁護士であるOさんのお父様の執事に違いないと言い、皆なんとなく納得していた。

ツマキさんというその人は、頑丈な体躯といかつい顔に似合わず、もの静かだったが、いざとなったら身を賭してもお嬢様を守りぬくといった気迫が漲っていた。まるで『アラジンのランプ』に登場する忠義な大男のような気がした。

高三になって新聞部の部長になった私は、ツマキさんが、かつて印刷所で働いた経験があり、学校関係の印刷物のサポートをしていることを知った。四十代にしては老けていたし丸刈りで眼光鋭い風貌は、わけもなく怖い印象だったが、物言いは優しく校正や紙面の割りつけについての助言は的確で懇切丁寧だった。「よろしいですか。お嬢様」「結構ですよ。お嬢様方」といった具合に、決して言葉を崩さない。

高校最後の運動会の日、ひっそりと木陰に佇むツマキさんを母に紹介した。「いつも娘がお世話になって」と挨拶する母に、恐縮して深々と頭を下げたツマキさんは「私こそお嬢様によくして頂いております。ツマキマツキチでございます」。とたんに母は顔色を変え言葉を失った。ツマキさんは穏やかな笑みをうかべて「奥様、怖くていらっしゃいましょうね」と小声で囁いた。

その夜、母が、「あの時、膝がガクガクして立っているのがやっとだったの。ああ悪いことしてしまったわ。どうしてすぐに怖くないって言えなかったのか……」と何度も呟くのを聞き、何が怖いのかと尋ねると「だって妻木松吉って有名な説教強盗だったのよ」

私は、悲鳴をあげて母の胸にしがみついた。

（次号に続く）

（やまざき・ようこ／童話作家）

■〈新連載〉生命の不思議 1

生き方さまざま

生物物理学　大沢文夫

生きものにはいろいろある。生き方もさまざまである。ここでは二つの話をする。一つは真性粘菌のことである。深い森の中の下葉の上を黄色の線状になってはいまわっている。南方熊楠さんの綿密な観察で有名である。元阪大の神谷宣郎さんが植物細胞内の原形質流動の研究に使って以来、日本では神谷研伝来の粘菌が専ら出まわっている。

この粘菌の一生にアメーバ状になる時期がある。机の上にしめらした紙をしきその上に粘菌のひとかけらをおくと、糸状の管を伸ばして拡がる。えさとして少量のオートミールをおくと、粘菌全体は紙一ぱいに拡がる。黄色の管の中を原形質が三歩前進二歩後退というような運動をくり返し、ときには新しい管を出す。

さてこの紙上の粘菌の糸全体を紙ごといっきょに乾燥すると、紙にくっついたままの平たい糸状の網のように粘菌は黄褐色の平たい糸状の網のように見える。紙ごとたたんで箱の中にしまっておくと、何年でもそのままである。

この乾燥粘菌のいる紙を例えば一センチ平方だけ切り取り、水を一滴かけると、数分の内に粘菌がもり上り、黄色の糸が四方へ伸びる。粘菌は生き返った。

次の話題はバクテリア（細菌）のことである。細菌は病気のもととして知られているが、実は世界中自然界のどこにでもいっぱいいる。畑の土の中に、山の岩に、海の中はもちろん。もし彼ら全員が元気に増殖したら、われわれのいる場所はなくなる。幸いに彼らの大部分はねていてくれるのである。

畑の土をかき集め、広い箱に拡げて入れておく。これは元東北大の服部正さんの実験である。そのうち箱のどこかで白い小さなかたまりができることがある。これは突然目ざめて増殖したバクテリアの集まりである。箱を小さく区切って、それぞれの区分でバクテリアが何びき目をさましたかをしらべる。その分布は、バクテリアは大ぜいいるが目をさますことはめったにない。それでもたまにはおきるのがいる、ということを示している。

バクテリアはねているのが通常でたまにだけおきるという話である。おかげで世の中は平穏である。

（おおさわ・ふみお／名古屋大学・大阪大学名誉教授）

連載

帰林閑話　228

物価と詩（二）

一海知義

前回紹介した詩「十月三日云々」（陸游七十歳の作）では、小さな屋形舟が一艘千銭で買えたという。また別の詩でも、

千銭　短船を買う
（「厳居厚《げんきょこう》の伴釣軒《はんちょうけん》に寄題す」、七十六歳）

といい、さらに、

千銭　一舟を買う
（「漁父《ぎょほ》」、七十七歳）

とうたう。

そしてまた別の詩では、

橐《たく》を倒《さかしま》にして千銭を得《え》
人の従《もと》にて釣船を買う
（「雑興」六首之五、八十歳）

という。「橐」は、財布。「倒橐」は、有り金はたいて。

魚釣り用の舟一艘千銭というのが、当時の相場だったのだろう。

ところで千銭で買えるものについてふれた陸游の詩に、次のような句がある。

千銭　斗米を得《え》
一斛《いっこく》　万銭に当る
（「呉中《ごちゅう》、米価甚だ貴《たか》しと聞く、二十韻」、八十四歳）

呉中、すなわち陸游（放翁）の故郷の北方、今の江蘇省のあたりでは、一斗の米が千銭、一石《いっこく》は万銭もした、というのである。

また別の詩では、

水旱《すいかん》の適《たま》たま継《つ》ぎて作《おこ》り
斗米　幾千銭
（「鏡湖」、七十一歳）

ともいう。「水旱」は、ひでり。

ところで豊年の時、米はいくらで買えたのか。その例として、

斗米三銭　路に憂えず
（「蜀僧宗桀《そうけつ》来たりて詩を乞う云々」、七十一歳）

という句があり、その自注に、

「今年、在《いた》る所、皆大いに稔《みの》る」。

今年は豊作で、米一斗三銭、という。しかしこれは、唐の天宝五年（七四五）、「是《こ》の時、海内豊実、青《せい》・斉《せい》の間、斗纔《わず》かに三銭」という『新唐書』食貨志の記録など、唐の史書の記事をふまえたもので、「斗米三銭」とは、単に米価が安いことの象徴的表現かも知れぬ。

いくらインフレでも、三銭と千銭では、差が大きすぎるように思える。

（いっかい・ともよし／神戸大学名誉教授）

三月新刊

グローバルに収斂するのではなく多様な分岐へ

不均衡という病

フランスの変容　1980–2010

E・トッド＋H・ル・ブラーズ
石崎晴己訳

高学歴化、女性の社会進出、移民の増大、経済格差の拡大、右傾化……アメリカの金融破綻を予言した名著『帝国以後』を著したトッドが、最新の技術で作成されたカラー地図による分析で、未来の世界のありようを予見する！

全カラー　カラー地図一二七点

四六上製　四四〇頁　三六〇〇円

最後のメッセージ――絶望の先の〝希望〟

花の億土へ

石牟礼道子

東日本大震災を挟む足かけ二年にわたり石牟礼道子が語り下ろした、解体と創成の時代への渾身のメッセージ。映画『花の億土へ』収録時の全テキストを再構成・編集した決定版。

闇の中に
草の小径が見える。
その小径の
向こうのほうに
花が一輪見えている。

B6変型上製　二四〇頁　一六〇〇円

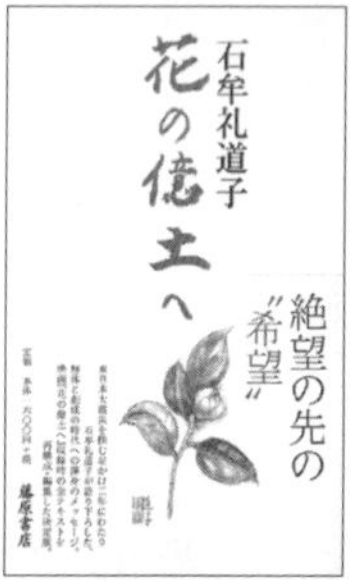

内田義彦の全体像、その現代性。

内田義彦の世界

1913–1989　生命・芸術そして学問

いま、なぜ内田義彦なのか？『資本論の世界』『経済学の生誕』で知られる経済学者、そして『学問への散策』『作品としての社会科学』等のやさしく深い文章で、学問は一人一人が「生きる」こととつながる、と砦に閉じこもる学界を解放した、稀有な思想家。

内田義彦生誕百年記念出版

A5判　三三六頁　三二〇〇円

「文章とは、その総体が人間の精神であり、思想なのである。」

生きる言葉

名編集者の書棚から

粕谷一希

同時代だけでなく通時的な論壇・文壇の見取り図を描いてきた名編集者が、折に触れて書き留めてきた、書物の中の珠玉のことばたち。時代と人間の本質を映すことばを通じて読者を導く、最高の読書案内。

四六変上製　一八四頁　一六〇〇円

歴史家コルバンが初めて子どもに語る歴史物語

英雄はいかに作られてきたか

フランスの歴史から見る

アラン・コルバン
小倉孝誠 監訳　梅澤礼・小池美穂訳

〝感性の歴史家〟コルバンが、フランスの古代から現代に至る三三人の歴史的人物が英雄と見なされた経緯と、そのイメージの変遷を論じる。

四六変上製　二五六頁　二二〇〇円

読者の声

不均衡という病■

▼トッドが日本の家族人類学地図を作る……これはかなりすごいことです。北陸的アイデンティティは、金沢・富山・新潟の都市圏に分裂している。これが一点に収斂するのか、それともそんなことはないのか、一北陸人として非常に興味があります。

（新潟　**三浦綱太**）

「大和魂」の再発見■

▼私は日本史関係の研究者として、上田先生を最も信頼しており、先生の神道関係の研究は最も信頼をおいている。他の先生では出来ない処もある。

（神奈川　**古要祐慶**）

岡田英弘著作集3日本とは何か■

▼イデオロギーについての記述がとても本質をついていてやっぱりすごいと思う。世界中の人に読んでもらいたい。

（京都　**水野融**）

▼日本の古代を理解するのに、岡田先生の該博な知識は非常に役立ちます。日本史の研究は、細かいことばかりで大きくものを見ることができませんでした。岡田先生のスケールの大きい視点に刺激を受けています。

（東京　団体職員　**松長昭**　53歳）

『環』56号〈特集・医療大革命〉■

▼48歳でリンパ腫摘出手術、以降、健康に深い関心を持ち特に体力を鍛えることに専念しました。62歳で民生委員になり、シンポジウムで「ゆる体操」を知り、三重県（先進地）で実際に学び周防大島町社協と民児協で「周防大島町ゆるクラブ」を立ち上げ、ボランティアリーダーを育て、毎週教室を開催。ゆる指導者から『環』を知り、早速購入しました。大自然の中で活かされ、共に生きる。限界集落の中でも頑張って元気で死を迎えたい人は多くいます。努力することの大切さを知りました。

（山口　無職　**川岡善三**　72歳）

葭《よし》の渚■

▼昭和三十四年に熊本の学校を出て札幌・東京と仕事で住居を定め、現在、横浜です。本書の中で昭和三十年頃の熊本商大の蒲池正紀先生の事をなつかしく読みました。先生は私の恩師です。また、水俣病にたずさわった原田医師は面識はありませんが学生演劇の先輩です。

（神奈川　**松内孝義**）

▼小生水俣に近い北薩の出身で石牟礼さんの作品によく出て来る紫尾山を朝夕仰いで育ちました。今回の『葭の渚』大変感銘深く拝見いたしました。

（東京　早稲田大学名誉教授　**東郷克美**　77歳）

▼私は二〇〇五年に田辺英二著『心にひびく賢者の言葉』を著者から頂きました。そこには世界・日本を代表して一二名の賢者が書かれていましたが、明治以降では石牟礼道子氏が唯一人でした。以前からこの女性は何者かと思っていました。幸い『山梨日日新聞』に書評が出ていました。しかも小生の葭の一字が題名になり嬉しく思いました。

（山梨　元教員　**葭沢一富**　88歳）

▼水俣病の数少い生き証人の石牟礼の言は日本文学の古典である。最近河出書房新社の『なみだふるはな』藤原新也氏との対談集をよみ終え、その余情、冷めぬうちに……本書の出版を知り三、四日で読了。むつかしいところ、気にしたところなどに出合うとそのページをくどく読み返すクセが小生にあるので一気呵成に読了とはいかなかった。

（東京　医師　**野口振一郎**　85歳）

▼近代・現代に生きる人として、このような感性を有する人がいることは、うれしいことです。

稀代のジャーナリスト 徳富蘇峰

▼私の父は蘇峰会会員で、晩年の蘇峰翁と深い交流がありました。父の依頼で、JR吾妻線の万座鹿沢口駅前には、蘇峰翁八九歳の揮毫による「中居重兵衛*の大顕彰碑」が建立されています。我が家には、蘇峰翁の書や書簡があり、父の死後兄妹で分かち合い、翁を偲んでいます。

＊中居重兵衛は横浜開港の先駆者。嬬恋村の生れ。本書は八王子の妹より恵送された。

（群馬 安齋洋信 84歳）

▼執筆者の選定も概ね公平で、極端なる意見が書かれなかったのは、よいと思う。但し、戦時（第二次大戦）の蘇峰の執筆活動について清沢洌のような厳しい評も出さなかったのは残念。尚、保阪正康氏によると蘇峰がA級戦犯を免れたのは深井英五であるかのような記述がありますが、深井は一九四五年一〇月二一日に亡くなっており、蘇峰など五九名の戦犯逮捕命令は同年一二月三日であり、時期的に合わぬ感じがします。何か特別な証拠があるのですか。

（栃木 赤松龍 83歳）

岡田英弘著作集Ⅰ歴史とは何か

▼これから月一冊のペースで読み進めて行きたいと考えています。

（神奈川 会社員 鶴健一 52歳）

▼全巻読み終えるつもりです。高価なのが、薄給にはつらい所です。

（神奈川 会社員 松山毅彦 61歳）

峡に忍ぶ

▼私は二〇一〇年九月に慢性心房細動悪化のために心臓ペースメーカーの埋込み手術をしました。入院中の徒然に俳句を思い浮かべました。病院の図書室から借りた角川書店編の俳句歳時記が唯一の手がかりです。五・七・五律に並べるのが精一杯でしたが心に浮ぶままをノートに書置きしました。退院後も、行動、食事など生活上の制約もある中で、耳の病気が悪化して会話も聴き取りが難しい状態ですが、本なら自分一人でも読めますので購入しました。

（岡山 遠部郁子 83歳）

『環』51号〈特集・内なるアメリカ〉

▼小特集「沖縄はなぜ日本から独立しなければならないか」を読むために買いました。独立は「論」ではなく一歩すすむでしょう。

（沖縄 比嘉康文 71歳）

風景と人間

▼風景の歴史性とその情緒、そして人間の時代による感性の変化、現代の私達にはわからない内容に圧倒され驚いた。地理的にも歴史的にも人間を支配する風土や気候といった自然の変容する姿というものはない。私には複雑でわかりにくかったが、これこそ「重大なる結果」の反省であろうか。風景は破壊されずズーッと残るものであるし、建設すべき多くのメリットがある。

風景に依ってその情緒が変り、人間によって風景を美化させるものは、何といっても、自然という素朴な状態であると思う。

（熊本 永村幸義 67歳）

『機』

▼第二次大戦の敗北は軍事力の敗北であった以上に私たちの若い文化力の敗退であった。……角川文庫発刊に際して、角川源義。また危うい時代になりました。戦後六九年目、出版文化の社会的責任を果たすのはさらに困難な状況になってしまいました。藤原書店を応援しています。

（神奈川 後藤秀彦）

※みなさまのご感想・お便りをお待ちしています。お気軽に小社「読者の声」係まで、お送り下さい。掲載の方には粗品を進呈いたします。

書評日誌（二・二三〜三・二三）

(書) 書評　(紹) 紹介　(記) 関連記事
(TV) 紹介、インタビュー

二・二三　(紹)新潟日報「稀代のジャーナリスト・徳富蘇峰」（「新刊紹介」）

二・二七　(記)読売新聞（夕刊）映画「花の億土へ」紹介（「石牟礼道子さん　銀幕から警鐘」／「合理化の現代社会、祈りを忘れた」／大森祐輔）

二・二八　(書)日経産業新聞「地中海Ⅲ」（「Recommend 私の本棚」／水野和夫）

二月号　(紹)こんげつの栞「稀代のジャーナリスト・徳富蘇峰」（「栞のブックナビ」）

(書)みすず「福島 FUKUSHIMA　土と生きる」（「読書アンケート」／小沼通二）「竹山道雄と昭和の時代」（竹内洋）「形の発見」「生きること　学ぶこと」（花崎皋平）「竹山道雄と昭和の時代」（杉田英明）

冬号　(記)ふじのくに「環56号　対談　川勝平太・中西進」（「歴史を見つめることで、日本の未来が見えてくる」）

三・一〜八　(書)共同配信「葭の渚」（「読書」／「近代とは何か　問い続ける」／佐木隆三）

三・二　(書)日本経済新聞「渋沢栄一の国民外交」（「読書」／「民間交流の失敗、克明に分析」／寺西重郎）

(書)毎日新聞「叢書アナールⅢ」（「今週の本棚」／「動揺の時代　歴史はいかに捉えられたか」／本村凌二）

(記)毎日新聞（石牟礼道子関連記事）「MAGAZINE」

(記)中日新聞「花の億土へ」（山田登世子）

三・六〜一〇　(記)共同配信「大田堯自撰集成」（「遠望」／「認識変えた失意の体験　悲観せず、著作を集成」）

三・七　(書)週刊読書人「サルトルの誕生」（「広大なテーマに一石投じる力作」／「サルトルはドイツ哲学に何を負うているか」／生方淳子）

三・九　(書)産経新聞「震災考」（「読書」／「現場から獲得された言葉」／篠原知存）

(紹)山形新聞「稀代のジャーナリスト・徳富蘇峰」（「新刊紹介」）

三・一一　(記)毎日新聞（朴才暎関連記事）（「特集ワイド」／『災後民主主義』の今　この国はどこへ行こうとしているのか」／「関東大震災後に重なる」／浦松丈二）

三・一七　(書)河北新報「震災考」（「東北の本棚」／「減災や福島再生策説く」）

三・二三　(書)毎日新聞「渋沢栄一の国民外交」（「今週の本棚」／「重い示唆を持つ実業人の思想」／井上卓弥）

(記)毎日新聞「水俣事件」（「第三三回土門拳賞　桑原史成氏　写真展『不知火海』、写真集『水俣事件』」／「にじみ出る患者の尊厳」／『現世の生き地獄　傍観者の負い目』」／野町和嘉選評）

三月上旬号　(紹)出版ニュース「幻の野蒜築港」（「東北から『震災関連本』ではなく」」／土方正志）

(紹)出版ニュース「渋沢栄一の国民外交」（土方正志）

三月号　(書)社叢学研究「森と神と日本人」（「書評」／井上満郎）

(紹)本の雑誌「ロング・マルシュ　長く歩く」（「新旧いろいろ面白本」／「シルクロードを歩く人たち」／椎名誠）

四月号　(紹)婦人画報「葭の渚」（「おすすめ新刊リコメンド」）

(紹)望星「震災考」（「新刊紹介」）

五月新刊

＊タイトルは仮題

石牟礼道子の半生の全体が明らかに

〈石牟礼道子全集・不知火〉（全17巻・別巻一）

別巻 自伝 ほか 完結

『苦海浄土』の誕生までを描いた自伝『葭の渚』に、以降の今日までの歩みを渡辺京二氏が書き下ろす（一二〇枚）、完全版。

詳細年譜（渡辺京二）／著作一覧／

［附］自筆の書・画、写真、未公表の『苦海浄土』他の草稿、他。

A5上製貼函入布クロス装／口絵

特別愛蔵本＝志村ふくみ氏の本藍染布クロスで装った特装版を、特別に各巻限定三〇部作成しております（頒価各巻五万円）。各巻在庫僅少となっております。ご希望の方は直接小社までお申し込み下さい。

名編集者の珠玉の文章群

粕谷一希随想集（全3巻）

推薦＝塩野七生・陣内秀信
半藤一利・福原義春

日本近代が育んだ良質な教養に立脚する編集者として、また高杉晋作、吉田満、唐木順三らの評伝を手掛けた評論家として、時代と人物の本質を剔抉する随想を紡いできたジャーナリストのエッセンスを精選！

[1] 忘れえぬ人びと

小林秀雄、林達夫、清水幾太郎他

解説＝新保祐司　内容見本呈

月報＝鈴木博之・中村稔・平川祐弘・藤森照信・森まゆみ

発刊！

「からだ」を超える「ことば」を求めて

セレクション 竹内敏晴の「からだと思想」（全4巻）

4 「じか」の思想 完結

寄稿＝内田樹

「レッスン」を通じて、他者に出会うということを突き詰めた、最晩年の問い、「じか」とは何か。

月報＝名木田恵理子・今野哲男・矢部顕・宮脇宏司

1 主体としての「からだ」
2 「したくない」という自由
3 「出会う」ことと「生きる」こと

「漢字」がシナに果した役割とは？

岡田英弘著作集（全8巻）

[4] シナ（チャイナ）とは何か

始皇帝の統一以前から明末まで。都市・漢字・皇帝を三大要素とする、シナ文明の特異性を明らかにする。

月報＝R・ミザーヴ／E・ボイコヴァ／渡部昇一／湯山明　［第4回配本］

作家サンドのアイデンティティに迫る！

サンドと署名する

マルティーヌ・リード
持田明子訳

現在、フランスを代表するサンド論考。「ジョルジュ・サンド」という男名前ですべての小説をものしたオロール。女性であり作家であるというアイデンティティは、どのように成立するのか。　［五月著者来日予定］

4月の新刊

タイトルは仮題、定価は予価。

『環　歴史・環境・文明』57 14・春号 ＊
〈特集　今、「国家」を問う〉
小倉和夫＋宮脇淳子＋小倉紀蔵＋倉山満／ブルデュー／宇野重規／苅谷剛彦ほか
菊大判　予四五六頁　三六〇〇円

グリーンディール ＊
自由主義的生産性至上主義の危機とエコロジストの解答
A・リピエッツ　井上泰夫訳
四六上製　二六四頁　二六〇〇円

マルクスとハムレット ＊
新しく『資本論』を読む
鈴木一策
四六上製　二一六頁　二二〇〇円

転換期のアジア資本主義 ＊
植村博恭・宇仁宏幸・磯谷明徳・山田鋭夫編
A5上製　五〇四頁　五五〇〇円

大田堯自撰集成（全4巻）［第3回配本］
3 生きて――思索と行動の軌跡 ＊
四六変上製　予三六八頁　二八〇〇円

5月刊予定

粕谷一希随想集（全3巻）発刊
1 忘れえぬ人びと ＊
推薦＝塩野七生・陣内秀信・半藤一利・福原義春
解説＝新保祐司

好評既刊書

セレクション竹内敏晴の「からだと思想」（全4巻）完結
4 「じか」の思想 ＊
寄稿＝内田樹

サンドと署名する ＊
マルティーヌ・リード　持田明子訳

岡田英弘著作集（全8巻）［第4回配本］
3 シナ（チャイナ）とは何か ＊
月報＝R・ミザーヴ／E・ボイコヴァ／渡部昇一／湯山明

石牟礼道子全集・不知火（全17巻・別巻1）完結
別巻　自伝　ほか ＊

内田義彦の世界 1913-1989 ＊
生命・芸術そして学問
編集協力＝山田鋭夫・内田純一
A5判　三三六頁　三二〇〇円

花の億土へ ＊
石牟礼道子
B6変上製　二四〇頁　一六〇〇円

生きる言葉　名編集者の書棚から ＊
粕谷一希
四六変上製　一八四頁　一六〇〇円

不均衡という病 ＊
フランスの変容　1980-2010
トッド＋ル・ブラーズ　石崎晴己訳
四六上製　全カラー四四〇頁　三六〇〇円

英雄はいかに作られてきたか ＊
フランスの歴史から見る
A・コルバン
小倉孝誠監訳　梅澤礼・小池美穂訳
四六変上製　二五六頁　二二〇〇円

セレクション竹内敏晴の「からだと思想」（全4巻）
3 「出会う」ことと「生きる」こと
寄稿＝鷲田清一
四六変上製　三六八頁　三三〇〇円

震災考　2011.3～2014.2
赤坂憲雄
四六上製　三八四頁　二八〇〇円

「大和魂《やまとごころ》」の再発見
日本と東アジアの共生
上田正昭
四六上製　三六八頁　二八〇〇円

新版 神々の村
『苦海浄土』第二部
石牟礼道子
四六判　四〇八頁　一八〇〇円

『環　歴史・環境・文明』56 14・冬号
〈特集　医療大革命〉
葛西龍樹＋高岡英夫＋夏井睦＋三砂ちづる／金澤一郎／信友浩一／川嶋みどり／上田敏／藤田紘一郎／山崎泰広　ほか
菊大判　四五六頁　三六〇〇円

＊の商品は今号に紹介記事を掲載しております。併せてご覧戴ければ幸いです。

書店様へ

▼1月の刊行から早くも重版の石牟礼道子『**葭の渚　石牟礼道子自伝**』が共同通信配信で全国の地方紙でも作家の佐木隆三氏によって紹介され、動き絶好調！　最新刊の石牟礼道子最後のメッセージ『**花の億土へ**』や『**新版　神々の村**』等とともに大きくご展開を。来月は、『**石牟礼道子全集・不知火**』（全17巻・別巻一）が待望の完結です。文芸だけでなく、思想、社会など複数ジャンルで、「石牟礼道子フェア」のご展開もぜひ。▼2／23（日）『朝日』、3／2（日）『日経』で絶賛書評された**片桐庸夫**『**渋沢栄一の国民外交**』が今度は3／23（日）『毎日』の著者インタビューで「喫緊の難題を抱える日中、日韓外交に重い示唆を与える一冊」と紹介。▼2月刊行の**赤坂憲雄**『**震災考　2011.3-2014.2**』が、3／9（日）『産経』に続き、3／17（月）『河北新報』「東北の本棚」欄でも絶賛紹介！▼『週刊現代』3／22号**エマニュエル・トッド**『**移民の運命**』を魚住昭氏が絶賛紹介。3／31『産経』「産経抄」は『**稀代のジャーナリスト・徳富蘇峰**』から、国際政治における蘇峰の慧眼について紹介。（**営業部**）

桑原史成さんが土門拳賞受賞

桑原史成『水俣事件 The MINAMATA Disaster』（昨年九月刊行）**が第33回土門拳賞を受賞！**

授賞式は四月一六日に、東京の学士会館で行われます。

また、受賞展が東京・銀座ニコンサロンで五月七日〜二〇日、大阪ニコンサロンで六月五日〜一八日、山形の土門拳記念館で七月一六日〜九月二八日までの期間、開かれます。

「……患者とそれぞれの家族を翻弄した半世紀に及ぶ消息が、寄り添うような視点から撮られており、写真の持つ記録性の強みがいかんなく発揮された集大成。」（選評＝野町和嘉氏）

●〈藤原書店ブッククラブ〉ご案内●

▼会員特典は、①本誌『機』を発行の都度ご送付／②（小社への直接注文に限り）小社商品購入時に10%のポイント還元／③送料のサービス。その他小社催しへのご優待等。詳細は小社營業部まで問い合せ下さい。

▼年会費二〇〇〇円。ご希望の方は、入会ご希望の旨をお書き添えの上、左記口座番号までご送金下さい。

振替・00160-4-17013　藤原書店

第二回こぶし忌

二〇一〇年に亡くなられた多田さんが様々な分野で提起された問題と成果を再認識し、継承していく「多田富雄こぶし忌の集い」第二回は、ひろく芸術家としての多田富雄さんを語る会です。会場に多田さんの能面を含む美術のコレクションを展示します。

【日時】四月二一日(月)午後六時半より

【場所】東京・山の上ホテル本館「銀河」

【会費】一万円

＊お問合せは藤原書店内の「係」まで。

岡部伊都子さんを偲ぶ七回忌

二〇〇八年に亡くなられた、『古都ひとり』『思いこもる品々』などで知られる随筆家、岡部伊都子さんを偲ぶ、毎年恒例の命日の集い。

【日時】四月二九日（火）正午より

【場所】京都・紫明　卯庵

【会費】六千円

＊お問合せは藤原書店内の「係」まで。

出版随想

▼今朝また震度四の地震が三陸沖を襲った。昨日のチリ大地震での津波の影響を心配するも、その上に当地での地震……。今世紀に入るや、地球の雄叫びの声を聴かずにはおれない。農業、漁業、林業を生業としている方々は、日々、土地や木や海の荒廃を憂う。しかし、多忙な現代人の殆んどはそれに耳を傾ける余裕すらない。又、国家間の諍いは相も変らず続いている。異民族、異宗教はいわずもがな、同国の中でもお互い人間同士の不信感は募る一方だ。

▼人間は、文明化してゆく中で、豊かさを求めてきた。衣食住のすべて。交通をより便利にすることで遠く離れている人々とも交わることができるようになった。しかしその反面、人間が大切にしてきた思いやりやさしさなどが失われていった。便利さを求めることが主になり、マシーンに従属していることにも気がつかなくなった。暑さ寒さもコントロールできると思い、季節感、旬を感じることができなくなった。

▼齢八十七になられ、難病の中、能・狂言の新作を発表され、創作意欲の止むことのない熊本在住の作家、石牟礼道子さんから、この数年、現在の心境を語っていただいた映像が完成した。「花の億土へ」の英字版も完成し、これからこのメッセージを、世界で〝平和〟を希求する人々に送り届けることができればと思っている。今年に入って体調を崩され心配していたが、春の訪れとともに体調を取り戻して来られた模様で、少しほっとしている。次の作品を心より期待したい。（亮）

誇りは「勤勉パラダイム」においてしか醸成されない。だが、注意すべきことに、自己充足的な活動は必ずしも賃労働ではない。ここから、生存するための収入をめぐるエコロジストたちの論争が生まれた。そして、この論争は、無償で自立的な活動が展開される空間を切り開いた。この問題に関する最近の状況についてつぎの文献を参照。Camille DORIVAL, *Le Travail, non merci !*, Les Petits Matins, Paris, 2011.

このような優先事項のヒエラルキーは、労働運動の歴史的な動態と関連している。(一九世紀ヨーロッパにおける)誕生しつつある資本主義において、社会闘争はまず労働者の身体を保護することが目的であった。すなわち、児童労働の禁止であり、定年退職制度のスタートである。そして二〇世紀を迎えて、メーデーのデモの目的である八時間労働、そして(フランスでは一九三六年に実現された)週四〇時間労働のためなどの世界的な闘いが起こった。このような年表は、(韓国のような)途上国がフォード主義の末期に新興工業国となった経験のなかにも表現されている。技術の支配による競争が労働者の肉体を保護する配慮と重なるような世界的な構図において、これらの新興工業化諸国は教育の持つ戦略的な重要性を早くから理解した。そして児童労働は禁止された。かくして低賃金による児童労働に依存していた第三世界の「工業特区」は、教育の重要性を理解できなかったために競争から脱落している。

ヨーロッパでは反対に、最近の労働者の闘いの目的となったのは定年退職であった。市民たちはほとんどように自由な「第三の人生」が始まるものとして定年退職を捉えている。まず人生はそれだけ長くなる。というのも定年退職の間際になると、仕事の疲れや事故が起こるからである。フランスでは一八三五年から一九八二年にかけて男性の平均寿命は一〇年上昇した。そして一九八二年以来さらに一〇年上昇している。平均寿命のこの上昇は、一九八二年以降における定年退職年齢の六五歳から六〇歳への引き下げによってしか説明できない[10]。労働条件に関心のあるエコロジスト、そして人間間の絆の発展に関心を持つエコロジストは、人間の一生における労働時間の短縮（週ごと、年ごと、そして新しい祝日の実現）にむしろ賛成である。だが労働時間の短縮は、民主的に決定すべき集団的な選択の問題である。そして個人が属する社会的集団やジェンダーの違いによって、諸個人の平均寿命の大きな違いを説明することを忘れるべきではない。

(10) もちろん定年退職年齢の引き下げだけでなく、平均寿命が伸びた大きな原因は、小児医学の進歩にある。だが、「医学の進歩」にもとづく期待を過大に評価すべきではない。この期待を打ち消しているのが、食物や環境に原因がある健康の危機という脅威である。アメリカ合衆国ではすでに平均寿命は低下している（東欧諸国では「共産主義」の崩壊以前に平均寿命は低下しており、この傾向はいまだ歯止めがかかっていない）。自由主義的生産性至上主義モデルでは（労働による疲労と食物、環境という）二つの原因が重なっている。ドイツでは二〇〇一年のシュレーダー改革以降、低所得者層の寿命は二年低下した。シュレーダー改革は、定年年齢を引き上げるとともに、社会的所得を削減した。その結果、貧困層は劣悪な食生活を余儀なくされた。

この意味において将来の蓄積体制は、労働時間に関する限り「グリーン」でなければならない。だが有効需要の中身自体もまたグリーンでなければならない。それと同様に供給を支配する技術パラダイムもグリーンでなければならない。

3　グリーン投資主導型蓄積体制の定義

もう一度ＥＵの例を取り上げよう。ＥＵの総人口は五億人であり、諸個人の所得は大きく異なっている。そしてＥＵはグリーンディールを実施するためにはまったく不十分であるにしても、最低限の連邦国家を持っている。

ＩＰＣＣ［気候変動に関する政府間パネル］の推定によれば、――一つの発展様式が持続する期間である――四〇年後には、ＥＵは温室効果ガスの生産を四分の三だけ削減しているであろう。この目標は計画化と公共政策のためのガイド指標である。この目的の実現は、技術パラダイム、生産モデル、消費モデルそして成長体制のロジックが変化することを意味する。その結果、「社会進歩」は物質的な消費の増大によってではなく、むしろ自由時間の増大によって計測されることになる。だがそのような節制だけでは不十分である。

現在の危機から脱出するために、新しい設備投資のための巨大な投資が必要となる。この新しい設備投資によって、エネルギーと（住宅や交通手段による）温室効果ガスの発生を抑制し、クリーンで再生可能な新しいエネルギーや原料を生産することができる。さらに、われわれは食糧と健康の危機のようなほかの経済危機も忘れるべきではない。グリーン成長モデルにおいて、(交通手段のための)直接的な公共の需要、あるいは(現存する建物の断熱化のような)公共政策によって誘導される公共の需要が支配的になり、フォード主義のモデルにおいて自動車産業が果たしていた役割に取って代わることになる。そして、建設部門が自動車産業と同じような役割を果たすことになる。だが、この建設産業はきわめて異なる仕方で組織される。長大な鉄棒で巨大な建築物が作られる代わりに、細かい手術のような工事を重ねることによって現在の建築物全体を更新することになる。

食の安全性の危機を有機農業や近隣農業によって解決しなければならない。そして環境の改善によって病気を予防するための政策を至るところで発展させなければならない。そして教育や病院のように、自由主義によって解体されている集合的な公共サービスを(異なる仕方で)再建しなければならない[11]。その結果、公共財の生産の占める割合が私的に専有される商品の生産をはるかに上回ることになる。「公共財」とは、使用者が一定の限界を尊重する限りにおいて相互に気兼ねすることなく自由にアクセスすることのできる財である。理論と経験が示すところによれば、公共財を管理するための最良の方法は、それらを分割して販売することではない。ほとんどの場合、公共財を集合的に生産し、つまり集団による決定と公共資金を活用して、制度的な取り決めによって使用するためのルールを作成し、公共財を維持することができる[12]。

(11) フランスにおける公共サービスの深刻な状況について、つぎの文献を参照。Laurent BONELLI, Willy PELLETIER (dir.), *L'État démantelé. Enquête sur une révolution silencieuse*, La Découverte, Paris, 2010.

（12）二〇〇九年のノーベル経済学賞は、エリノア・オストロムによって代表されるこの研究潮流に敬意を表している。たとえば、彼のつぎの著作を参照。Elinor OSTROM, *La Gouvernance des biens communs. Pour une nouvelle approche des ressources naturelles*, De Boeck, Bruxelles, 2010.

したがってグリーンモデルは「動員経済[13]」に似ている。つまり、主として公共あるいは準公共の需要に基づいて発展することになる。レギュラシオンの観点から考えると、このことは新しい問題を引き起こす。つまり（一九四五年から一九五〇年までの）戦後復興に類似している。巨大な公共プログラムが必要になり、数多くの問題が生まれる（プログラムの整合性、官僚たちによる選択に対して市民が行なうコントロール、投資と融資の信用性の問題）。だがこれらの問題は、戦後復興のときよりも分権化した機関に委ねられることになる。家計や企業は所得をクリーンでないエネルギーの価格の上昇から自分たちの所得を守るために闘う。そして、地方自治体は公共交通システムを持つべきである。

（13）動員経済とは、戦争経済のように、いわば命令的に、有効需要が供給に先立って存在する経済を意味している。完全雇用は一般的に実現しているので、主要なリスクは「上流」部門と非優先的な部門における物不足である。ハンガリーの経済学者、ヤーノシュ・コルナイは、この問題のすぐれた理論家だった。彼の著書を参照。Janos Kornai, *Growth, Shortage and Efficiency*, Basil-Blackwell, Oxford, 1982［ヤーノシュ・コルナイ『不足の経済学』盛田常夫訳、岩波書店、一九八四年］.

環境税と許可証取引市場（すなわち価格と数量の計画化）は、分権化された決定のプロセスを調整するための大きな手段になる。だが、地方の官庁、企業そして家計にとり、エネルギーや温室効果ガスを節約するようなシステムに「投資するよう誘導される」だけでは不十分である。これらの経済主体は資金を必要としている。というのも早く投資しなければならないし、投資による収入や将来の貯蓄を必要とするからである。グリーンモデルはしたがってクレジット経済である。だが、自由主義的生産性至上主義モデルとは反対に、債務の契約や融資のメカニズムは社会的、エコロジー的な投資の必要性に従って厳密に方向づけられている。戦後復興やフォード主義の時代のように、資金を選択し、貨幣供給を選択することは大いに可能である。もっとも単純な方法は、ヨーロッパ投資銀行が（低金利で長期の貸付を行なうという）「安いお金」を分配することである。ヨーロッパ投資銀行は、グリーンな基準に従って行動し、ヨーロッパ議会のコントロールを受ける。そしてヨーロッパ投資銀行はその資金を実質金利ゼロ％でヨーロッパ中央銀行から資金調達することができる。

4　雇用集約的成長パラダイムへの転換

一般的に、準公共的な需要によって誘導される「動員経済」はきわめて雇用創出的である。というのも、消費性向そして投資性向は1ないし1以上に近いからである（これはまさしくクレジット経済の定義である）[14]。EUのなかで典型的なグリーン経済プログラムについて研究が行なわれている（二〇二〇年までにCO_2の発生を三〇％抑制し、地域の有機農業のシェアを四〇％まで引き上げることである)。EU委員会やヨーロッパ労働組合連合の推定をまとめたうえでパスカル・カンファン[15]は、このようなグリーンプログラムから(EU全体で)、過去の成長モデルを単純に延長した場合よりも一〇五〇万人の雇用が新たに生まれると結論づけている。

(14)(人びとが所有する所得に対する)投資ないし消費の「性向」は、ケインズ理論が研究しているように、需要によって主導される経済の活動水準を決定する基本的なパラメータである。資本の所有者にとり、この性向は明確に1未満である(彼らは「自分たちのお金をどう使うかについて何も知らない」)。

(15) Pascal CANFIN, *Le Contrat écologique pour l'Europe*, Les Petits Matins, Paris, 2009.

たとえば、公共交通手段におけるグリーン革命を伴う「創造的破壊」は、個人用の自動車生産において四五〇万人の雇用を削減することになる。だが公共交通手段の生産部門では八〇〇万の雇用が新たに創出される。つまり、新しいモデルはクリーンな駅、線路、列車、地下鉄、路面電車、バスを設置しなければならない。そしてこれらの交通手段を運転し、自動運転による移動を制御しなければならない。

大変興味深い推定であるが、雇用の創出は(公的な発注という)「動員効果」だけに関するものではない。そこにはもっと深い問題が存在している。一九世紀以来資本主義を支配していた傾向、つまり巨大産業による支配、そして自動機械システムによる労働の非熟練化、このような傾向が今変化し始めている。グリーン経済への転換は賃労働関係そして労働全体について、まったく別のダイナミズムを要求している。かつての産業革命に対して「勤勉革命」が起こるであろう。

輸送手段において発生する雇用を改めて推定してみよう。まず、この推定によれば、「エコロジーは雇用の敵ではない」と確認することができる。より正確に言えば、運輸手段の部門では労働生産性は低下する。同じサービスを提供するのにより多くの労働を必要とする。だがこの見方は統計的な錯覚であり、つぎのような事実を隠蔽している。

① 歴史的に労働の生産性の上昇は、労働とつねに多くの（機械などの）資本そして「自然」を組み合わせることによって獲得されてきた。自然は、古典派経済学によれば、「土地」という環境の贈り物を意味していた[16]。つまり自然要因について節約すればするほど、労働集約的な技術が必要となる。発展モデルにおけるグリーンな転換によって、（エネルギーという）自然資源に対して労働が代替することになる。そしてこの労働は（自動車の組み立てラインのように）「工業的」ではなく、むしろ「職人的」ないし「匠の仕事」である（つまり直接的な熟練労働にもとづいている）。路面電車やバスを組み立てるチームは小規模生産であり、「職人的な」作業のなかで作業することになる。同様に、社会的なインフラの構築、バスの運転そして建設部門、建物におけるエネルギーの節約や生産のための機材の設置が、それぞれ職人的に行なわれる。

② このような技術パラダイムにおける大きな転換は、継続的な職業教育を本格化させることになる。労働者の仕事は複雑になるので、肉体労働であっても、急速な技術変化に見合う熟練を必要

とすることになる。その結果、職業そのものが変化を受けることになり、職業そのものが変わってしまうことになる可能性がある。たとえば、われわれは建物の断熱化の技術、そして、太陽エネルギーの獲得技術がどのように変化するかについて現在知っていない。このような場合、経営者が中小企業の経営者であることを考慮に入れると、そして、これらの企業で訓練を受けた精励な勤労者を各経営者が奪い合うことを考慮に入れると、そのことが労資関係の変化を含意する、と観察することができる。労働者は熟練を手に入れ経験を積んで熟練を発展させることになる。その結果、このような熟練は労働者の住む地域にとって公共財となる（実際には、再び公共財となる）。労働組合、団体交渉そして新しい権利（とくに仕事の職歴のセキュリティの確保）は、このような変化に適応することになる。その結果、地域が産業部門に取って代わることになる。

③ さらに「自然」（あるいは、マルクスが述べていたように、資本家的蓄積の外的な一般的諸条件）は労働者の自由時間を含んでいる。自宅と職場を行き来する場合、乗用車と路面電車の違いは、賃労働者が路面電車を運転するのに対して、仕事に行くために自分の車を運転する賃労働者は無償で自分の車を運転して、経営者に利益をもたらしている。[17] したがって、個人の交通手段は、不払いの隠された労働を含んでいる。交通サービスを提供する労働者全体がこれまで個人が引き受けていた通勤という機能を代替することになる。公共交通手段を運転する労働者はしたがって人と人をつなぐサービスを提供することになる（その結果、対立も生まれる）。これは、医師や理容師のようなサービスではない。そして純粋に工業的な行為でもない。同様に、住宅の断熱化の

ために個人の家を訪問する専門家チームは心地良く作業して、帰っていく。自由主義的生産性至上主義が賃労働者たちに対してかけていた圧力、「お客は待ってくれない」という圧力は、ここでは労働がそれにふさわしい時間を取ってクリーンに実現されるという顧客の願いになっている。

④　同様の統計的な錯覚は、主婦が子供、老人あるいは家族の障害者の世話を無償で行なうことをやめて、託児所や在宅介護サービスにゆだねる場合に起こる。グリーン成長モデルによれば、家父長制度の「日常生活の生産」におけるこのような隠された労働は「外的な」労働によって代替されることになる。この外的労働は清掃ではなく、介護すなわち、他者を思いやる労働である。[18] グリーンモデルは（対人サービスである）「第四次産業」の雇用が集約的に発生するモデルである。これらの雇用は海外に移転することも、自動化することもできない。したがって財政的な優遇も補助金もない市場経済では利用者にとって負担が大きくなる。もっとも豊かな階層だけがこのような負担を支払うことができる。したがって社会的な解決は、本書の後半で述べられる社会的連帯的経済というアソシアシオンの形で行なうべきである。そしてここでも、労働の質の変化について同様の特徴を指摘することができる。より職人的で、より手作業的で、しかも熟練を必要とし、ローカルな需要に対応し、そして顧客ないし利用者と「フェイス・トゥー・フェイス」で向き合うことになる。

(16) 経済学では、この代替は「コブ・ダグラス関数」によって示されている。これは、技術パラダイムを数式化する大まかな方法である。

(17) マイカー通勤の優先に対する一層体系的な批判について、つぎの文献を参照。Denis BAUPIN, Tout voiture, no future!, L'Archipel, Paris, 2007.

(18) (家政婦の仕事である)清掃(クリーン)と(社会生活や家庭における介護労働である)介護(ケアー)の区別についてつぎの文献を参照。François-Xavier DEVETTER, Sandrine ROUSSEAU, *Du balai ! Essai sur le ménage à domicile et le retour de la domesticité*, Raison d'agir, Paris, 2011. さらに、(賃労働者である)介護士と「家族の介護者」を混同すべきではない。後者の場合、家族の一員が介護サービスの不足や障害者の手助けを負担している。たしかに家族にとりケアーは介護する人(一般的に女性であることが多い)の生活に大きな負担にならなければ良いことであるが、それ自体、尊厳、補助、研修を必要とする。そして、自由主義的生産性至上主義モデルでは、ケアーはしばしば従来の家父長制への復帰を意味する。

これは新しい「技術パラダイム」であり、幅広い活動をカバーすることになる。このようなパラダイムはしばしば「知識社会」と比較される。知識社会とは、高等教育、新技術をイメージしていて、将来起こりうるある変化を意味している。だがわれわれが以上でみた様々な例は、このような新しい「知」が人間の新しい生き方や関係性に依存していることを示している。

雇用の量的な側面について戻ることにしよう。フィリップ・キリオンが行なっている新しい研究[19]は、グリーンプログラムを二〇二〇年現在で、フランス経済、そしてイール・ドゥ・フランス地域について適用している。そして「インプット・アウトプット」のマトリクスを組み合わせた経済モデルを活用して（社会的インフラと設備について）直接雇用と間接雇用を区別している。そして、ケインズ的な「誘導」雇用の創出効果を測定している（各家庭はガソリンにお金を使わないで、その分地域の雇用に対して需要を生む）。この研究はグリーンな経済発展モデルが大きな雇用を生むことを確認している。最もうまく行く場合、これまでと同じように継続するという従来のシナリオよりも六八万人の新しい雇用が創出される。いくつかの異なる推定が示しているように、パラメータの変化によって結果は大きく異なる。

第一に、石油価格。明らかに、持続的で構造的な新しい石油ショックが起これば、家計の需要にはマイナスの影響を与える。したがって省エネによって引き起こされる雇用は増えることになる。

第二に、「脱炭素経済」に向かうスピードを支える願望。たとえば二〇二〇年までにCO_2を四〇％削減するという目標（IPCCのシナリオA1B）によれば、二〇〇八年に採択されたヨーロッパの二〇％削減という目標よりもはるかに多くの雇用を生み出すことになる。したがってエコロジストたちの要求が低くなったことは雇用にとってはマイナスの影響を与えた。

第三に、信用の入手可能性である。第一の想定は、公共の債務が安定していることを前提にしている。第二の想定は、京都会議後の重要な投資の五〇％が低い金利で融資されることを想定している。この第二の想定では、より多くの雇用が誘発される。というのも第一の想定では、増税によって家計のガソリン消費の節約分が吸収されるからである。

ここでわれわれは再びニューマネーの問題に出会うことになる。だがその前にグリーンディールに関する国際的な側面について考えてみよう。

（19）これは、ＣＮＲＳ［フランス国立科学研究センター］の研究機関であるCiredが、ＷＷＦあるいはエコロジストの議員たちの依頼でおこなった研究であり、それ自体、興味深い「社会的需要による水先案内」である。つぎの文献を参照。Philippe QUIRION, « - 30 % de CO_2 = 684 000 emplois. L'équation gagnante pour la France », 2010, texte disponible sur <www.centre-cired.fr> et « Impact sur l'emploi de la réduction des émissions de CO_2 en Île-de-France », 2010, texte disponible sur <http://europeecologie.eu>. その後、OFCE-Ademeの共同研究により、三七セクターから成るケインズ的なモデルが作成された。このモデルは、フランスにおけるグリーンディール政策をテストしている。つぎの文献を参照。Gaël CALLONNEC, Frédéric REYNÈS, Yasser YEDDIR-TAMSAMANI, *Presentation of the three-me model: multi-sector macroeconomic model for the evaluation of environmental and energy policy*, OFCE, Working paper, n°10 – mai 2011. たとえば、ロカール委員会タイプの炭素環境税の実施プログラムにおいて、この炭素環境税は、エネルギー節約政策のなかで再検討され、二〇一二年以降一年に原子炉を一つずつ停止するのであれば、家計の日常の消費支出を一％減少させる。そして、住宅や公共交通機関への投資を増やす。その結果、ＧＤＰは一％上昇し、二〇一五年の財政赤字を四％減らす。しかも、（二〇〇〇年に比して）CO_2の生産を三三％減らすことができる。また、二〇二〇年には一一〇万人の雇用が増加する。

5 国際協調体制の必要性

われわれはもちろん北と南の間でグリーンディールを必要としている（南は新興諸国と途上国に区分することができる）。アメリカと中国は気候変動に関して非協力的な態度をとることによって、よくない結果が生まれることを発見するだろう。だがわれわれは気候変動の変化がいつ表面化するかについてまだ正確に知りえていない。これが人類の将来にとって大きな脅威となっている。アメリカと中国が協力することを受け入れるのであれば、インドとその他の国ぐにが後続するであろう。妥協はつぎのようでありうる。[20]

（20）世界的な構図に関するより詳しい説明は、地政学的に異なる位置にもとづいて、アメリカと中国の相互的な行き詰まりの理由を考慮に入れており、つぎの私の著書のなかで展開されている。*Qu'est-ce que l'écologie politique, op. cit.*

① 温室効果ガスの持続可能な割り当ては、二〇五〇年時点で各国の人口に応じて決定されるべきである。[21]

② 持続可能な限界を超えた国は、国際的な削減プログラムを実施しなければならない。（たとえば年々の世界的な排出量が固定されれば）この枠内で一定の国ぐにで活用されない割り

当てについて、（他の国ぐにによって需要される場合）市場が許可される。

③（現在大気中に存在し人間に起因する温室効果ガスの量は過去における先進国の排出によるものであるという）「環境債務」を考慮に入れることによって、先進国は途上国が省エネシステムや運輸手段を採用するために金融的な支援を行なう。

（21）持続可能な割り当ては、地球のエコシステムにおける温室効果ガスのリサイクルの全能力（植物、海洋などによるCO_2の固定化）を、今世紀央の人口である居住者数で除することによって得られる。

国際的なレベルで資本と労働の所得再分配を考える場合、世界的なワーグナー法（国際的な労使関係の法律）は極めて実現が困難である。低賃金、社会的ダンピングによる競争が存在するからである。それゆえヨーロッパ連邦主義がきわめて重要になる。ヨーロッパ連邦は何もしなければ、サルコジのフランスやジョージ・ブッシュのアメリカよりも社会的にはならないだろう。しかしヨーロッパレベルで協力しない限り、実りある社会的な再分配政策を実施することは難しい。したがって国際的金融メディアは二〇〇五年ヨーロッパ憲法条約の批准に対してノーを支持することを表明した。だが、世界的レベルではどうすればいいのか。

われわれは、中国そして新興工業国における社会闘争が大きな飛躍を遂げることを待たなければならない。このような飛躍は自由貿易に関する社会条項によって実現が助長されるかもしれない（このことは気候変動条約に参加をためらっている諸国についても妥当する）。ＩＬＯ［国際労働機構］が定めている世界的な社会条項を尊重する国にしか自由貿易は許可されない。これは別の形のワーグナー法であり、このような合意を受け入れる諸国と受け入れない諸国が「篩」にかけられることによって保障される。

この問題に関連して生産の「国内回帰」の問題がある。現在の議論は一九三〇年代の保護貿易主義的な傾向とまったく関係がない。国内生産のために縮小した国内（あるいは大陸）市場を維持することが問題ではない。国際的な商品の流通を制限するための第一の理由は、環境である。すなわちエネルギーの消費を制限し、製品の（生産から消費そして廃棄に至るまでの）サイクルにおいて、温室効果ガスを削減すること、とりわけこれらの商品の輸送において温室効果ガスを削減すること、である。現在中国が承認している好ましい調整とは、国ごとに温室効果ガスの割り当てを算出することである。その場合基準となるのはこの国の生産によって生じる温室効果ガスではなくて、この国のエコロジカル・フットプリント、すなわち、この国の消費を満足するために世界中で生産される温室効果ガスに従って算定することである。[22]

(22) 私が、ヨーロッパにおける割り当て制度の航空機への適用に関する会議の報告者であったとき、中国とアメリカはヨーロッパに着陸する自国の航空機に「入国のために割り当てを購入させる」考えに断固として反対した。そのとき、EUはとくに注意しなかった。コペンハーゲン会議で、中国は、中国の輸出に含まれる温室効果ガスが輸入国の割り当てに統合されるよう要求した。これは、航空機についいて、まさしくEUが行なった決定の論理であった。そして、世界の生産地から世界の主要市場へという中国の将来の役割の変化にともなって、中国の態度が変化していることを示している。

国際的な商品の流通を制限すべき第二の理由は、社会的ダンピング、そして環境のダンピングと闘うことである。つまり、あらゆる国が同一の所得再分配基準と環境保護基準に従うことである。賃金コストが同一であるような隣国との間で保護主義を考える理由はない。環境及び社会の分野で国際的な基準のシステムを作ることは競争相手を排除することではなくて、これらの国が国際的な基準を受け入れるように支援すれば、輸入国、輸出国双方の賃労働者に利益が生まれる、つまり、地球の居住者の全員に利益が生まれるようにすることである。ある国の支配階級がこのような国際的基準を拒否するように政府に対して働きかける場合、相手国側からは（低価格の製品を受け入れるのではなく）保護貿易の動きが起こることになる。したがってこのような保護貿易主義は、相手国の国民そして賃労働者の利益となる圧力手段である。これはいわば「利他的な保護貿易」である。

6　過去の債務を清算して将来に投資する

われわれはここでようやく金融の問題に立ち戻ることができる。問題となるのは、旧い経済成長モデルに伴う現在の債務を部分的に帳消しにして、しかもニューマネーを投資するために必要な銀行システムを破産させないことである。私見によれば、最良の方法は、国際会議を開いて一定の債務が（少なくとも長期的な見通しにおいて）返済されない、つまりこれらの債務を帳消しにする、あるいは返済を先延ばしすることに合意することである。（金融機関や投資を狙っている貯蓄ファンドである年金ファンドのような）債権者たちはこのような決定によって破産を余儀なくされるべきではない。そうなると二〇〇八年の状況に戻ってしまって、クレジットクランチが起こる。

債務帳消しの最もゆるやかな方法は、これらの債務を貨幣化することである。つまり、中央銀行が発行する貨幣と引き換えに中央銀行がこれらの債務を買い戻すことである。その場合三つの義務が存在する。まず、債務の部分的な帳消しを意味する債務証券の減価を考慮に入れること。第二に、インフレを抑制するために新しい貨幣の一部を凍結すること。[23] 第三に、このニューマネーの一部をグリーン転換のために使うよう義務付けること。ＥＵについて、つぎのような制度的解答を与えることができる。

（23）インフレの波が起こって、現在の債務が問題なく減価することになると、数多くの人たちは想像している。問題は、一九八〇年代のラテンアメリカ諸国における「輸入代替モデル」の終焉が物語っているように、自由主義モデルでは、賃金は金融所得よりもはるかに物価にインデクセーションされていないことにある。したがって、インフレはインデクセーションの低い所得を激減させることになる。これは、「金利生活者の安楽死」ではなく、年金積立制度による年金生活者、非正規雇用者たちの安楽死を意味する。

第一に、ヨーロッパ中央銀行は市場で確認される減価とこの債務について事前に徴収されたスプレッドをともに考慮に入れて低い利子で債務を買い戻すことになる（スプレッドは価値減価に対する保険であった）。

第二に、債務帳消しと引き換えに与えられるユーロの（たとえば）二〇％は実質金利ゼロの状態でヨーロッパ全体の中央銀行の会計のなかで凍結されるであろう。[24] そしてヨーロッパにおける危機からの脱出に役立つ専門機関に割り当てられるであろう。

（24）注意すべきであるが、この資金は奪い取られてはいない。あくまでもっとも安全な資産（first core tier）としてとどまるのであり、当該銀行に困難が生じた場合、すぐに活用できる。

たしかに一挙に過去を清算することはできない。一定の間危機に入って弱い立場にある国ぐには自国の債務を減らすための支援が必要であるし、他の国ぐにと同様に将来の投資とくにグリーン転換のための投資への支援を必要としている。これら二つの目的はつぎの二つの制度の使命である。第一の制度は、最近のものであり、ヨーロッパ安定メカニズムである（この制度は「ヨーロッパ金融連帯資金」という少しだけ旧い制度に代わるものである）。第二の制度は、EU以前のヨーロッパ共同市場、つまりフォード主義の時代における「ヨーロッパ投資銀行」にまでさかのぼることができる。これら二つの機関は国際的にはIMFと世界銀行に属する役割を分担することになる。ヨーロッパ安定メカニズムは赤字国の予算を支援し、短期的な役割を果たす。ヨーロッパ投資銀行は「発展」のための投資を担当する。これら二つの制度はさらに、ヨーロッパ中央銀行が独占的に所有する金利ゼロの資金にアクセスすることができる。

赤字国が紙幣を乱発して資金調達することが問題であるのと同様に、財政赤字にある国の財政（そして最終的にその国の納税者）がヨーロッパ中央銀行によって民間の銀行よりも取り扱いが劣悪になることは承認しがたい。ヨーロッパ中央銀行は「民間銀行を助ける」ために極端に低い利率で融資する一方、政府に対して直接融資を拒否している。その理由は、政府が「容易な借り入れに」走らないようにするためである。これはしかしモラルハザードにたいする闘いのなかで、少なくとも差別的な戦略を取ることを意味している。ヨーロッパ市民がますます理解しがたくなっているのは、自分たちに対して責任を負っているヨーロッパ中央銀行（その逆ではないにもかかわらず）が、ゼロ％で融資を受けた民間の銀行が政府に対して三〜七％さらにそれ以上で又貸ししていることを容認している事実である。このスプレッドは銀行を上回るような政府の弱さを表現していない。というのもヨーロッパ中央銀行は民間銀行が破産するのを避けるためにゼロ％で融資しているからである。

純粋の信用貨幣において厳密なプルーデンシャル・ルールを守らなければならないというそれ自体正当な議論に従うのであれば、これらの二つの機関は政府に対して「最初の署名」（最初の署名とは、運営予算を合理化する借り手の努力の評価とグリーン投資の正当性）をしなければならない。つぎにこれらの機関がヨーロッパ中央銀行に対して再融資を求めることは、「第二の署名」のときである（ヨーロッパ中央銀行によるマクロ・プルーデンシャル分析によって与えられる）。これら二つの段階は民主的コントロールを必要としている。いずれにしても、ヨーロッパ中央銀行の基本金利を上回るような金利を正当化することはできない。

最後に残る反対意見が存在する。共通通貨圏における中央銀行はシステミックな危機を避けるために、過度の金融緩和政策を採用する結果、貨幣が減価してしまうリスクが存在する。というのも、この貨幣はもはや存在しない価値を表現しているからである。確かにそうである。これはアメリカ合衆国がずっと以前から使っているやり方である。アメリカはこのようにして自分たちの対外債務を部分的に帳消しにしている。さらに副次的であるとはいえ無視できない利益が存在する。国内的な価値を維持している貨幣を使って、アメリカはおそらくでたらめである投資を行なっている。そしてアメリカが輸出するときのドルは切り下げられている。実際部分的にはこのようにして、アメリカはヨーロッパや日本に対する競争力の低下を防いだのである。その反対に、EUはそのスタート以来貨幣が三〇%〜四〇%切り上げられている。このことがいい産業政策であるとは必ずしも言えない。

中央銀行もまたお互いに経営が困難に陥る場合がある。格付け会社がアメリカ財務省の格付けを下げたとき表現しているのはこのような不安である。したがって「各国の最後の貸し手を超えるような単一の最後の貸し手」、すなわちIMFが必要になる。IMFは純粋の信用貨幣を発行すべきである(この貨幣は現在「SDR」〔特別引き出し権〕と呼ばれている)。この貨幣は世界経済に役立つ最終的な形態であり、個別の貨幣の為替相場におけるあらゆる変動から独立している準備貨幣である。(25)

(25) このような改革が必要とする最後のレベルの国際協調は、ケインズが一九四四年ブレトンウッズで実現できなかったものであることを指摘しておこう。中国がたとえば「人民元交換本位制」の仮説を優先させることはありえないわけではない。

7　人類の社会的危機と社会的連帯的経済の重要性

二〇〇〇年代末におけるこの大危機において直接的な役割を果たしていないので、これまでの分析において話題に上げなかった危機が存在する。この危機は「人類の社会的危機」と呼ばれている。というのもこの危機は人間の社会生活における最も深い側面に関係しているからである。この危機は最も表面化している二つの側面である孤独と高齢化によって要約することができる。これら二つの問題がとくに旧いヨーロッパ諸国に大きな打撃を与えている。(26)

(26) 現在のEUの危機に実際に影響を与えていないが、年金を将来支払う必要は、危機の展開のなかで、「財政赤字を庶民によって支払わせる」ことに賛成である論者によって、あたかも国家財政にのしかかる予算外の制約として語られている。これは変な話であり、一〇年、二〇年後、つねに路面電車を作り、道路を維持して、学校や警察を機能させる必要がある。年金を支払う必要を現在から債務としてみなすような特殊な約束の具体例として語られるのはなぜだろうか。人口構成の変化にしたがって、年齢ごとに新しい分配が不可避的に必要になる。年金資金の調達は他と同様に、資金配分の問題である。この点について、つぎの文献を参照。Pierre CONCIALDI, *Retraites : en finir avec le catastrophisme*,

Lignes de repères, Paris, 2010 ; Gérard FILOCHE, Jean-Jacques CHAVIGNE, *Une vraie retraite à soixante ans, c'est possible*, Jean-Claude Gawsewitch éditeur, Paris, 2010.

行き過ぎた個人化

より事態を詳しく分析するのであれば、孤独と高齢化の問題はともに西洋文明における人間的な進歩を画期づけたプロセス、つまり個人化というプロセスから始まっている。すなわち、個人の自己実現が共同体のつながりに対してますます重要性を持つようになる。歴史的に、このような進歩は古代都市そしてキリスト教によって加速され、おそらくヨーロッパの成功の源となった。旧い秩序は各自の場所が決められている共同体のルールによって維持されていた。この旧い秩序に続いて、徐々に、自分たちの間で契約的なつながりを結ぶ自由な諸個人の社会が出現した。これらの契約的なつながりは二つの形態に徐々に還元された。それ自体社会協定の結果として考えられている国家とのつながり、そして、第二に、財やサービスを貨幣と交換する生産者、賃労働者、そして消費者の商業的なつながりである。

このように国家と市場に媒介されて、自由な個人（少なくとも一定の人たち）は自由な起業家であった。一八世紀（啓蒙の世紀）の哲学はこのような社会の見方を徹底させた。唯物論的な社会学者（とくにマルクス主義者）はその反対に、都市の企業家階層（ブルジョワジー）の発展によってこのような考え方が生まれたと断言している。ここでは鶏が先か卵が先かという議論には入らない。とはいえ一九世紀初め以来、人民階級は個人の自由の発揚から生まれたさまざまな害悪に対してたたかったのである。ある人びとは旧体制の社会における旧い共同体的な連帯に訴えたのであるが、徐々に大半の人たちは家族や教会が意味していた先祖以来のつながりに対する嫌悪から、あるいは必要に迫られて、離れようとした[27]。

(27) ブルジョワ的な現代主義の行き過ぎに対するコミュノタリズム、さらには、教会的な対応は、長い間「伝統的」であり、現在都市化、プロレタリア化、急速な個人化によって影響を受けている諸国で同じような特徴をともなって繰り返されている。このようなアイデンティティを求める動きはイスラム諸国、インドにおいてとくに明白である。当然、都市の政治的なイスラム主義（あるいはほかの世界ではペンテコステ派）の「宗教的」な特徴を主張することは、伝統的な家族や村の共同体的な絆とほとんど関係がない。それは、むしろ集団的な意味を求める諸個人の群集が追求する精神的な追加物である。一九三〇年代ヨーロッパのファシズムもまた方向を見失った諸個人に擬似的なコミュノタリズムの願望（volkisch〔国民的〕）を動員した。だからと言って、コミュニティにおける絆を回復させるという願望は非難すべきであり、必然的に危険であるわけではない。

同時に国家、市場、家族そして教会を拒否することによって、都市における新しい運動の活動家たちは賃労働者階級を形成して、具体的なユートピアを発明することになる。すなわち自らの意思による自由なアソシアシオンである。このアソシアシオンはさまざまな形をとった。労働運動の闘いのための組合、そして日常の生活のための共済組合、さらに、生産と消費のための生活協同組合、最後に、議論し、行動するためのアソシアシオンである。一九世紀全体と二〇世紀初めにおいて社会問題は主として賃労働問題に依然として集中していた。そして「労働者アソシアシオン主義」は「労働者階級の闘争」において労働者に固有の生産形態と社会形態を追求したのだった。

今日、行き過ぎた個人化[*]が（自由主義の行き過ぎにより「生きること」ができなくなっている）企業のような社会化の形態の消滅と結びついているので、家族の市民たちはこのようなアソシアシオン主義を復活させるようになっている。そして企業との関係は無くして、大半が都市の運動になっている市民運動の中で行なわれている。そしてこれらの運動は二〇世紀初めと同様、今日国家も市場も提供できないようなサービスを社会に提供することを目的にしている。新しいアソシアシオン主義は旧い形態と同様に、ボランティアをベースにして生産と社会的なつながりの新しい代替物として登場している。[28]

＊個人化 individuation は、社会化の一形態であり、ホーリズムに対立する。個人主義 indivisualisme は、この社会化への人間の対応形態であり、連帯主義に対立する。

（28）つぎの文献はとくにエコロジストのプロジェクトにおけるこうした絆の「豊かさ」を強調している。Alain CAILLE, Marc HUMBERT, Serge LATOUCHE, Patrick VIVERET, *De la convivialité, Dialogues sur la société conviviale à venir*, La Découverte, Prais, 2011, Tim JACKSON, *Prospérité sans croissance. La transition vers une économie durable*, De Boeck, Bruxelles, 2010.

個人はしたがって孤独から脱するためにつながりを再び作る必要がある。孤独は単なる心理的な孤独ではなくて、劣悪になる世の中に対して、そして「誰もが取り組まない問題が山積みになる」ことに対する不安であり、孤立の問題である。「誰も」取り扱わない、すなわち国家も、市場における企業も取り扱わない。もちろん、家族も教会も取り扱おうとしない。このように、教会を押しやって、国家に子供、病人、老人の世話を任せるという世俗性の勝利、さらには家父長制度が（家族を面倒見て、家庭と近隣の世話をするよう）女性に強制していた「自然的な」義務から解放するためのフェミニストの闘いが成功したことが今日個人に対して孤独を生み出すことになっている。つまり個人の物理的な状況やセキュリティあるいは帰属の意識が劣化している。[29] フォード主義的な福祉国家はこの問題に「取り組む」ことに努めたけれども、福祉国家は官僚的な行動によって批判されたのちに、自由主義的生産性至上主義によって解体された。[30]

（29）フェミニズムと最近におけるケアー労働の見直しとの関連についてつぎの文献を参照。Selma SEVENHUIJSEN, *Citizenhip and the Ethics of Care. Feminist Considerations on Justice, Morality and politics*, Routledge, Londres / New York, 1998 ; Isabelle GUERIN, *Femmes et économie solidaire*, La Découverte, Paris, 2003.

（30）福祉国家の解体はラテンアメリカ諸国のように輸入代替モデルにしたがった第三世界諸国ではより早く実現した。イスラム諸国（アタチュルク後のトルコ、ナセル後のエジプトなど）では、イスラムの運動家たちは社会生活を結ぶ「術を知っていた」ので、急速に庶民のなかに浸透することができた。

ラテンアメリカ諸国では、教会が「もはやなす術がなかった」ので、庶民のアソシアシオン主義がその後を受け継いだ。だが、二〇〇〇年代初め、アルゼンチンにおいて、社会的協同組合が経済の解体のなかで国民全体の生き残りを実現するという使命に直面したとき、これらの協同組合は、本来的に反動主義的であった教会に救いを求めることを余儀なくされた。

コミュノタリズムのような対応が起こる可能性は大きいにしても（とくに、個人化のプロセスにごく最近加わった社会集団が示しているように）、二一世紀の諸個人は大半が自己の実現において個人の自由という獲得物を維持することになるだろう。とはいえボランティアの原則に従って、自由に承認された共同体の暖かさを取り戻すことに努めるであろう。

社会的連帯的経済

家族、協会、アソシアシオンそして国家の間で最も議論されているテーマの一つは、病人、子供、老人という弱者の介護（ケアー）に関わっている。フランスでは、この責任の分担は基本法によって表現されている。アソシアシオンは社会的に認知されている。教会は国家から分離されている。教会の組織は病院や学校と区別されている。教会の組織に代わりうるものについて議論がある。そして、アソシアシオン主義と国家の公共セクターとの間には競争が存在する。一九四五年の再建の時点で複雑な妥協が制度化された。つまり、国家がアソシアシオンと共済組合に対して社会政策の実施を委ねたのであり、その場合、国家は、労働組合と経営者との三者合意によって厳密な所得再分配と大変重要な分野（病院）を担当した。アソシアシオン主義はしたがって国家によって、その周辺に置かれた。いくつかの協同組合的な部門は、二〇世紀前半における混乱を越えて、少しばかり特別な企業という規約によって徐々に標準化されていった。

しかし、フォード主義の危機とともに国家が手を引くことになって、アソシアシオン主義が（たとえば熟練労働者の小規模協同組合のように）まったく新しい側面を打ち出したこともあるし、あるいは（再出発のための企業のように）単なる生き残りを狙ったものもある。一九八〇年代初め以降（公共と民間の間にある）「サードセクター」が語られることになる。つまり、社会的な企業形態を意味する自律的で代替的な経済である。こうして数多くの新しい期待が生まれた。既存のアソシアシオン主義のなかでは少々厄介な競争関係が生まれた（大規模な共済組合、社会政策を管理する大規模なアソシアシオンに対して、代替的で自律的な経済を指向する若いエンゼル企業の存在）が、一九九〇年代末、一種の見合い結婚である社会的連帯的経済に到達した。[31]「社会的」とは一定の経済組織形態を意味していて、「一人一票」の原則と制限的な利益という二つの原則によって運営されている（経営の利益が生じる場合、その大部分は同じ社会的目的のために蓄積されねばならない）。「連帯的」とは、活動の目標、目的である共同体のサービスに関わっている。

(31) サードセクターの歴史と原則、社会的連帯的経済、さらに、社会的連帯的経済を発展させるための方法について、連帯担当大臣への私のレポートであるつぎの文献を参照。*Pour le tiers secteur. L'économie sociale et solidaire : pourquoi, comment ?*, La Découverte / La Documentation française, Paris, 2001［井上泰夫訳

『サードセクター』藤原書店、二〇一一年〕.

フランスやケベック、アルゼンチンでは、[32]「生まれたばかりの連帯経済」は一〇〇年前から立派に存在している強力な共済組合運動やアソシアシオンによる制度的支援と金融支援を期待することができた。これらの旧い共済組合、アソシアシオンは出発時点から受け継いでいた（とくに税制に関わる）特別な規約を正当化するための「連帯的な活動家の精神」を誇ることができた。

(32) サードセクターの世界的な現象が出現したことについて、つぎの文献が展望を与えてくれる。Jean-Louis LAVILLE, *L'Économie solidaire. Une perspective internationale*, Desclée de Brouwer, Paris, 1994〔ジャン＝ルイ・ラヴィル編著『連帯経済』北島健一・鈴木岳・中野佳裕訳、生活書院、二〇一二年〕.

アソシアシオンあるいは協同組合的な経済組織が数多くの国ぐにで受けている補助金や税制の優遇をどのように正当化できるだろうか。これを正当化する大きな議論は、これらの組織の内的機能に存在しない。企業のガバナンスはカリスマ的経営であれ、家父長的であれ、あるいは民主的、官僚主義的であれ、そこで働く賃労働者たちの福祉に最も深く関係している。したがって、人生のかなりの部分を企業で過ごすことになる人たちにとって最良の組織形態を採用するよう企業に働きかけて、そのために税制を活用することは正当でありうる。とはいえ、規制や経験の分かち合いによる方法のほうが、勤勉経済への移行を実現するのに適している。この勤勉経済は、熟練労働者のスキルの交渉による動員にもとづく。

それに対して、企業の活動が「連帯的」である場合、企業は支払うことのできる利用者や個々の顧客に限定されないニーズを満足できる。たとえば、失業者が職を得て社会参加することは、すべての雇用者にとって有益なことである。芝居や音楽の作品を書いてそれらを上演することは、最初の上演時に入場料を支払う観客を楽しませるだけではない。これらの作品を演じる人たちあるいは公共の場所でみる人たちにとっても有益である。コミュニティにとっての労働は「社会的ハロー効果」を生み出すのであり、この効果は純粋な貨幣関係によって支払われるわけではない。したがって（個々の利用者に加えて）これらのサービスから利益を受ける自治体がこれらのサービスを提供するアソシアシオンに対して補助することは、合理的かつ社会的に正当である。[33] このような補助は税による優遇、補助金そして公的市場などの形をとることができる。

（33）これは汚染活動のまったく逆であり、汚染活動の場合、汚染者により環境税を通じてコミュニティに「返済される」。

弱者介護という社会生活の分野が、人口の高齢化に伴って必然的に重要になる。高齢化はそれ自体個人化の行き着いた結果である。出生率の低下と医学の進歩、さらにはまず六五歳以上、ついで六〇歳以上に対して、労働の負担が切り下げられた結果、平均寿命は著しく上昇した。にもかかわらず（移民に依存しない限り）若年人口は増加しなかった。そしてますます高齢化する人口は身体の介護だけでなく、知的な介護、娯楽、文化活動についてもニーズが増大した。民間企業がこのような身体的文化的な介護への需要に答える部門を生み出していくにしても、協同組合運動だけが孤独と高齢化という二重の難問に答えることができそうである。人間の身体や心の世話をすることは、公共の機関によってもまた利潤によって支配されている商業活動にも所属しないような仕事である。このようなニーズにこたえるためには、他者への配慮を自分の仕事に結び付けている積極的な人間が必要である。このような絆はカール・ポラニー（ここでも彼が登場する）が「互酬性」と呼んだものによってしか実現することができない。（家族という）人間社会の最も旧い原則である互酬性は、（国家という）中央的な機関による配分でもなければ、相互に無関係である生産者たちの商品交換でもない。それはつぎのような行為の原則である。「私がお前のためにこのことをするのは、私が必要になったとき、今度はお前が私に同じようにしてくれることを期待しているからである」。

社会的連帯的経済は市場経済への移行における一時的な役割ではなく、持続的な役割を果たすよう要請されている。この役割は、将来の発展モデルにおいてますます重要となる役割であって、取るに足らないものではない。社会的連帯的経済は、（他者への配慮、介護と文化という）そのルーツである分野に対して、公共財、とくに環境への配慮を付け加えている。この点において社会的連帯的経済は一九世紀の協同組合運動が持っていた目標と合致している。つまり、（照明や運搬など）地域の公共サービスを担うことである。地域だけでなく、さらに地方や国民的レベルに拡大することも可能である。官僚主義的に管理されている公共サービスに対して批判が起きているが、このような批判は、従業員、利用者、投資家そしてボランティアによって構成される新しい管理形態によって対応することができる。これは、自由主義的生産性至上主義が民営化したものを単純に国有化しなおすことよりも、はるかに有意義な展望である。一九六〇年代に国有化された、鉄道やエネルギーや銀行の巨大なネットワークのように、官僚主義的な大企業という国家のなかの国家に逆戻りすることは誰も望んでいない。社会的連帯的経済はモデルを作り出すことができる。もちろん問題も生まれる。指導者たちが官僚的になり、メンバーたちの間で依怙贔屓も生じる。社会的連帯的経済が深刻な問題に対してもたらしうる解決とこの経済の発達によって生まれるけれども、コントロールしなければならないようなネガティブな効果をめぐって、余りにも批判を強めすぎると、かつてピエール・ブルデューが「機能主義の害悪」[*]と呼んでいたことに陥る。

＊ブルデューは、構造によって道案内された過程の結末は、悪意の主体の意思通りに必ずしも引き起こされないことを強調した。例えば、悪意ある主体がこのような結末を実現するという目的（＝機能）のために構造を築いたという議論へのブルデューの批判がそうである。

第4章

大いなる緑の移行

以上における分析は、これから一〇年間に実施され、おそらく二〇五〇年までに支配的になる発展様式の概略を素描しただけである。この発展モデルは依然として全体的に開かれている。より正確に言えば、いくつかの異なるモデルが競合することになる。権威的モデルもある。社会統合的モデルもあれば、社会排除的モデルも存在する。そして多少ともエコロジーの責任を負うモデルもある。しかも、われわれは完成した理想のモデルについて、曖昧な輪郭しか知ることができない。このようなモデルは、これからの時代における歴史的な発明の産物である。

とはいえわれわれは制約が存在するのを知っている。この制約は金融危機という最も差し迫った側面によって見えなくされている。しかし世界的な金融危機は危機の一時的な性格を表現しているだけである。すなわち、あるモデルが死につつあるけれども、新しいモデルはまだ生まれていない。旧いモデルにおいて発生した債務は完全には返済されないであろう。というのもこの債務を支えていたモデルがもはや旧くなっているからである。おそらく原発を建設するために契約された債務も同じことになるであろう。同様に、家計に生じた債務の一部もそうなるであろう。家計の債務は収入と資産の不平等が著しく拡大することを隠蔽するのに役立ったからである。

しかしここで読者に理解してもらいたいことであるが、金融債務の背後に、はるかに深刻な二つの危機が存在する。第一の危機は、まさしく収入と富の配分におけるひどい水準の不平等という問題である。第二の危機は、人類と自然の関係における厳密にエコロジー的な限界の危機である。

第一の危機（つまり社会的危機であり、所得分配の危機）は、国民レベル、大陸レベル、そしておそらく世界レベルにおける解決を必要としている。この解決自体は既知の事項である。この危機は、一九三〇年代の危機に生まれた問題と同じ問題に答えようとするものである。われわれはその解決の概要を知っている。すなわち、各国におけるより平等的な所得分配であり、もっと貧しい国に向けて富が移転されるように大陸レベルで調整される。ここに新しいことは存在しない。もっとも、類似の生産物（最初は農産物、工業製品であったが、ますますサービス財になっている）を巡る国際競争は、この解決策を見つけることを困難にしている。超国家的な国家が存在して、国際的な団体交渉を実現できるわけでもないし、世界的にも（ヨーロッパでもおそらく）最低賃金制度を実現することはできない。

エコロジーの危機は、まったく新しいことである。それは、二重のエコロジーの危機であり、食糧危機（その健康への影響を含む）とエネルギー危機（気候への影響と事故のリスクを含む）である。これら二つの危機は理論的に区別されるべきである。本書においても、そのように分析している。だが、二つの危機は、複数の仕方で関連していることを思い出す必要がある。まず、エネルギー・リスクの三角形［化石燃料、バイオマス、原発］の一頂点（バイオマス・エネルギーの使用）は、土地の利用を巡る紛争の正方形の四つの頂点［食糧生産、飼料生産、燃料生産、森林維持］のひとつでもある。このつながりにもとづいて、エコロジー運動家と緑のヨーロッパ議会議員は危機の当初闘いを繰り広げた(1)。他方、農業とくに牧畜は、メタンの生産を通じて温室効果に大きく貢献している。だが農業生産を別にしても、食糧の生産性至上主義的な連鎖は、開拓や肥料の生産と運搬、そして包装、流通、さらに家庭のごみ処理を含んでいる。要するに、食物連鎖は世界的な温室効果の半分を引き起こしている。[2] これら二つの危機を結びつける別のつながりもある。たとえば、原油コストの上昇は、農業、牧畜、漁業などの生産コストを上昇させる。

（1）Natalie GANDAIS, Alain LIPIETZ, « Pauvreté, crise du climat et agrocarburants », *Multitudes*, n° 34, automne 2008, <http://lipietz.net>.

（2）つぎのような国際的ＮＧＯによる評価を参照。l'ONG internationale GRAIN, « Alimentation et changement climatique: le lien oublié », <http://www.grain.org/fr>.

そしてこれら二つの危機は、社会的危機と組み合わされる。食糧と健康の危機とエネルギーと気候の危機の主な犠牲者は最も貧しい個人であり、地球レベルでもあるいはフランスのような豊かな国の内部でも存在する。食品価格が上昇し、貧しい人びとに供給される食品の質は低下している。そして貧困層へのエネルギー供給も不安定になっている。これら三つの危機は、数多くの国において住宅の危機として表面化している。このような組み合わせこそ、サブプライム危機とともに、自由主義的生産性至上主義モデルの一般的危機を引き起こしたのである。とはいえ、社会的住宅の資金調達のやり方はきわめて多様であるので、本書のなかで住宅危機を十分に論じることはできない。

新しい事実であるが、新しい成長モデルの発明は、経済的だけでなく、物質的な問題を意味している。もちろんそれぞれの発展モデルは物理的な側面を持っている。たとえば、社会学者アンリー・コアン[3]が一九五〇年代から示したように、フォード主義的な都市形態（大規模建築）は入居者たちにとって生活様式の変化を意味していた。伝統的な路地がなくなり、アパルトマンで孤立するようになり、（ラジオ、テレビそして洗濯機のような）家庭の設備財を購入するようになった。だが現在の危機はまったく異なっている。生活様式の物質的な変化はもはや経済的な変化の結果ではなく、その反対に、経済的な変化を決定する基礎になっている。将来の賃労働関係あるいは金融がどのようなレギュラシオンの形態をとることになるにしても、これらの形態は、食糧問題とエネルギー問題を多少とも解決できる世界において適用されることになる。

第4章では、これら二つの危機を解決するための物理的な可能性が分析される。

（3） Henri COING, *Rénovation urbaine et changement social*, Éditions ouvrières, Paris, 1966.

1　大いなる移行と社会運動の意義

オーベルニュ地方の小道に迷い込んだドライバーがボルドーに行く道を農民に訪ねたとしよう。農民は頭をかきながら答えるだろう。「ボルドーに行くのであれば、私はここから出発しないでしょう。」同様に、発展モデルの危機は新しいモデルを考えるための最良の出発点にはならない。危機にあるモデルのなかで議論することが、われわれのエネルギーすべてを吸収してしまう。しかもモデルの変化が物質的な側面を意味する場合、さらに都合が悪くなる。ヨーロッパ条約を批准する、あるいは週三五時間労働を法律で決めるよりも、都市計画を変革することははるかに困難である。

だが、すでに世界中で数多くのグループ、アソシアシオン、都市そして自治体が（国内あるいは大陸レベルで）以上で述べたような危機への解決策を試行錯誤で追い求めている。これらの運動のもつ第一の意味は、「変化は可能である、そして、グローバル化した世界では下位の分断されたレベルでの経験から出発することができることを指摘したことである。[4]「都市の移行」という社会運動は、「石油への依存から地域の自立への移行」を目指していて、きわめて実践的であり、そのことがこの運動の力となっている。[5]というのも、上から官僚主義的に指令された解決策（これはEUのエコロジー政策のように、大陸的な指示のよくある欠点である）ではないからである。そうではなくて、日常の生活における直接的な問題に直面して関心のある市民たちが専門家有志たちとともに研究し、討論した結果である。それが個別の建築物のレベル（たとえば、ロンドンのＢｅｄＺＥＤの実験）*、あるいはスウェーデンのマルメ［スウェーデン最南部の都市］のエコロジー地区であろうと、共通する特徴が存在する。エコロジーの問題と社会の問題は相互が別々に解決されるわけではない。「ポジティブなエネルギーを持つ」建築物は最近新築されたか改築されたものであり、水をためる、[6]あるいは、少なくとも水の流れを遅くすることができる。居住者たちが活動の発展に強くかかわっている。彼らは「グリーンな建て替え」の間その場に留まっていることが多い。

（4）つぎの文献のなかで、都市の変革に関する一連の実例が見事にしめされている。Jean-Marie PELT, *C'est vert et ça marche !*, Fayard, Paris, 2007.

（5）<http://villesentransition.net>［社会運動のアソシアシオンである「都市の移行」は、一九九五年設立。都市生活の改善、経済活動の転換、社会的不平等の是正などを目的として、異なる分野のエキスパートが参加している］

（6）余り語られていないが、世界的な性格をもっていて、ほかのすべてのエコロジー危機と組み合わされている危機が存在する。すなわち、土地が雨水を吸収しなくなっている傾向である。この傾向は、都市化と、ローラーによる農地の整備のように現代農業の伝統的な技術から生まれている。土地が硬くなると、土地の表面の雨水は流れがはるかに急速になる。そして、温室効果の強まりは、気候が全般的に熱帯化する効果を生む。ますます暑くなり、降雨も多くなる。しかもひどい嵐をともなう。温帯諸国においても、熱帯諸国のように、雨水を流さないでためることが都市計画の基本的問題になっている。そこから、屋上菜園のような解決策が登場している。これは断熱効果の目的も持っている。そして、近隣菜園農業の発展も提案されている。

＊ＢｅｄＺＥＤは、Beddington zero energy development の略。ロンドン南部に建築された環境配慮型の建物。

これらのローカルな移行の実験が有する別の有意義な側面が存在する。すなわち、これらの実験は投資の最終的な追加コストは相対的に限られているが、きわめて数多くのローカルな雇用をつくりだす。というのも、「自然を節約するモデルは労働をより集約的に活用する」という原則に従っているからである。これらの実験は、地域的な性格を有することによって居住者たちにとって直接的な利益（共通費の削減、同時に実現される遮音効果と断熱効果など）と地球にとっての長期的な利益（エネルギー節約と温室効果の防止）を組み合わせることができる。温室効果に対する闘いへの貢献という名目で承認されることが難しいような都市における投資は、フリーランチであることによって容易に受け入れられる。そして、気候に関する国際交渉で言われるように、「あえてエコロジー重視を訴えなくとも」受け入れられる。このような投資は、いずれにしても別の理由で行なわなければならないような補修工事よりも費用が高くならない。それでも、期待された改善が実現する。そして普遍的な目的のために何かを犠牲にしたというような後悔も生まれない。というのも、通常、隣の居住者たちが自分たちと同じように「人類の利益のために」犠牲を選択するということは何も保証していないからである。

とはいえ、グリーンな移行のための投資はそれが十分に収益性を有するとしても、つまり（たとえばエネルギーの節約によって）最初の投資が回収されるにしても、非正規雇用者の個人的な財布の範囲を超えている。したがって、新しい共済的な形態である「サード金融」という知恵が生まれる。これは、（民間企業、公企業、さらには社会的連帯的経済を含む）混合的な企業であり、社会的住宅や庶民の集合住宅の建物を改築する。そして、暖房費用の節約によって投資資金を回収する。中産階級向けの個別住宅について、補助金あるいは金利ゼロでの貸し付けが解決策として優先される。

私は「フリーランチ」について述べた。都市計画について述べたことは、食糧についてもっとはっきり妥当する。食習慣は個々バラバラな仕方でしか変化しない。肉食や脂肪過多の食事は健康上の理由によって後退している。そして食物連鎖の他方の極において、農民たちは「有機農業に移行する」、あるいは遺伝子組み換えに抵抗する。そして自然な「地域農業の維持のためのアソシアシオン（AMAP）[7]」のように産直の回路が立ち上げられることになる。普通の農業と有機農業の間で、子供の保護者達は「有機食品を使った給食」を要求する（庶民の家庭の子供たちは通常一日で最も栄養のある食事を給食でとる）。地方自治体は有機食品を提供してくれる業者をとくに探さなければならない。そして、地域の農民たちと有機農業に移行するための契約を結ぶ。そしてアソシアシオンによる教育的な農園の開発や自家農園を奨励することになる。市民運動はアグリビジネスの大々的なロビー活動に従わないように、食品の規制を変更することを要求する。

（7）http://reseau-amap.org［AMAPは、消費者と農業生産者の地産地消的なアソシアシオンであり、消費者による生産物の買い上げが生産者に対して事前に保証されている］.

だが問題は、ますます明確になっている。地球規模でわれわれは何を希望することができるのか。地球は地球の人口全てを養えるだけの食糧を（二〇五〇年に）生産することができるだろうか。「脱炭素化された」経済[8]を目指すとき、あるいは少なくとも一九世紀半ばの工業化以前の気温に対して地球の気温を2℃上昇させて安定化できるように、地球の温暖化を弱めることを目標にするとき、原子力発電なしで済ますことができるだろうか。もしそのような安定化が可能であれば、そのための最初の一歩は何か。どのような方向に踏み出せばいいのか。中間的な目標は何であろうか。新しい成長モデルに向かうための「移行」について考えるとき、これらの質問に答えなければならない。

（8）言い換えれば、二酸化炭素（CO_2）とメタン（CH_4）の産出を最低限に抑制する。CO_2とCH_4は水蒸気を別にすれば、二つの主要な温室効果ガスである（水蒸気が温室効果の増大にもはや貢献しないのは、「光の窓を閉める」ことによって、できうる限り光を吸収してしまうからである）。

ここでもまた第二次世界大戦後の復興の問題と似た問題が存在する。フランスは一九四五年から一九六〇年代にかけて、この復興の問題を解決しなければならなかった。そしてヨーロッパの歴史のなかで最も大量でかつ急速な農民の流出を経験した。戦後復興（あるいはここでの移行）のような状況はそれ自体発展モデルを形成していて、数多くの経済学者たちはフランスの戦後復興を黄金の三〇年間の最初の半分の時期におけるフランスの経済的な成功の基本的な原因と見なしている。これはやや誇張を伴っている。確かに「戦後復興」の要因によってすべてのエネルギーが動員され、完全雇用が実現した。だがこの時期に考え出された社会的なレギュラシオンの新しい様式は一九六八年の政治危機の後になってしか実現しなかった。そして達成されるモデルをすでに代表していた。つまり、資本と労働の間で生産性の上昇による利益が交渉を通じて配分されること、そして社会保障制度である。同様に、炭素化された原子力経済から脱出して、誰にも安全な食品を提供するという移行のための努力によって、雇用においても基本的なニーズの充足についても、持続的で継続的な努力が行なわれるだろう。

第二次世界大戦後の計画された戦後復興において形成された習慣や自由主義を生き延びたこの時代の社会的制度のおかげで、フランスは長期的な展望という問題について敏感である。長期的な展望において（何を食べて、何を作るかという）物理的な側面と（どうやって資金を調達するか、またどうやって返済するのかという）金融の側面が組み合わせられることになる。たしかに、現在では経済計画総務局は存在しない。その代わり、あらゆるテーマごとに「グルネル協定」〔旧くは一九六八年五月のグルネル協定にさかのぼる。政府、各種団体、NGO・NPOなどが社会・経済問題について、同じテーブルで議論し、交渉して、社会的な合意形成をめざす〕を結ぶ必要がある。そして大臣や学者による将来予想が発表される。フランスの経済計画の輝かしい時期の思い出は教師によって学生に伝えられている。とくに農業、エンジニアそして統計学のグランゼコールにおいて学生に教えられている。そして、学生たちは研究のためのアソシアシオンを立ち上げた。その結果、二〇〇〇年代以降、移行の諸条件に関して、正確かつ水準の高い分析が生まれている。いくつかのイギリスの研究は同じような発想にしたがっている。とくに（気候変動に関する）スターン報告や「成長なき繁栄」に関して持続的発展委員会（SDC）に提出されたティム・ジャクソンのレポートがそうである。後者はすでに本書のなかで引用されている。そして、国連の一定の機関は前世紀以来の将来展望の伝統を維持している。さらに、国連の機関は必要に迫られて、FAO〔国連食糧農業機関〕[9]のような古い組織の内部において研究チームを再び動員したし、あるいは、新しい研究チームが作られ、そのなかに有名なIPCC[10]が存在した。

(9) http:www.fao.org

(10) http://www.ipcc.ch

2 食糧における移行

二〇〇七年に起こった食糧危機は偉大な農学者ルネ・デュモンの悲観的な予測を正当化している。彼はフランスの政治的エコロジーの創立者であり、「われわれは飢餓に向かっている」[11]と述べた。もちろん彼はこの警戒を表明したけれども、それは世論と政府に訴えるためであり、絶望させるためではなかった。今日彼の警鐘はさらに現実的になっていて、すぐわかるようになっている。地球の七〇億の住民のなかで、一三億人は栄養失調である。この数値は、二〇〇八年の危機開始以降一・五億人上昇している。一〇歳未満の子供たちは五秒ごとに世界で一人餓死している。[12]食糧の世界価格は原油や数多くの鉱山資源と同様に、二〇〇八年末の全体的な崩壊のなかで一時的に低下したが、二〇一一年にかつての記録的水準を取り戻した。同年、食糧の平均価格はFAOが統計を取り出して以来最も高い水準を記録した。これは構造的な問題であり、一時的な問題ではない。実際、二〇〇〇年代初めから耕地を支配するための闘いが始まっている。最も大きな貿易黒字を記録した二大国、中国とサウジアラビアは、アフリカやマダガスカルさらにラテンアメリカ諸国において土地の大量購入を開始している。そしてはるかに分散された仕方で農業企業や金融会社が農業用地の購入の戦略に従ってこの動きを補っている。

（11）René DUMONT, Bernard ROSIER, *Nous allons à la famine*, Le Seuil, Paris, 1966.

（12）世界的な飢餓について、現場のきめ細やかな聞き取り調査とその深刻な背景の分析をともに備えている感動的なレポートとして、二〇〇〇年から二〇〇八年にかけて食糧への権利に関する国連の特別レポーターであったつぎの著者の書物を参照されたい。Jean ZIGLER, *Destruction massive*, Le Seuil, Paris, 2011.

すでにみたように、世界的な食糧危機は一連の都市における暴動を引き起こしている。これらの暴動のうち最もポジティブな展開となったのは、独裁者に対するアラブの反乱であった[13]。だが世界的な食糧問題は依然として存在する。人類は土地の利用における4Fの紛争を解決して、あらゆる人びとに安全な食糧を提供できるだろうか。二〇五〇年頃、地球上の人口が九三億人になり、安定化することになるが、これらの人びとを二一世紀後半に食べさせなければならない。言い換えれば、これから四〇年間に二三億人が増えることになる。ところが二〇〇〇年代の危機によって、七〇億の地球総人口のうち一〇億人は餓死に瀕している。このことは問題の深さを示している。

（13）歴史家イマニュエル・ウォーラーステインはさらにこのアラブの春の運動と一九六八年の学生運動との共通性を強調している。もちろん、一八四八年（東欧では一九六八年）と同様、チュニジア、エジプト、そしてリビアにおいて勝利した民主主義的性格は持続することが保証されていない。これは、世界の民主化に向けての新しい一段階にすぎない。だが、それは本質的な段階である。たとえ最初の民主的な選挙によって、新しい独裁的な体制が権力の座に就くにしても、である。一八四八年のヨーロッパではまさしくそうであった。というのも、一九世紀央における教会反革命ののち、秩序が再建された結果、政治的、自由主義的、民主的、あるいは社会主義的な異議申し立てを維持することができなくなったからである。

地球は人類を十分養える

一九世紀末、そして二〇世紀の大半の時期において、かつてマルサスが提起した問題は、ブルジョアもいれば共産党員もいた「進歩主義者たち」の皮肉な軽蔑を集めたにすぎなかった。誰もが確信していたのは、技術進歩によって長期的に地球全体を食べさせるだけに十分な食料が生産されるであろうということであった。[14] 残る問題は、(市場によるかあるいは計画によるかという) レギュラシオンの形態の問題であった。つまり、豊富な供給に対して正しい分配を実現することであった。二〇一二年現在、このように考えることはできなくなっている。土地 (と水) は希少になっている。そして、一九世紀の進歩主義者たちが想像できなかったような技術で地球の大部分は耕作されている。今までよりもはるかに深刻になっているのは、土地の利用を巡る闘いである (人間、動物、あるいは機械に食糧を提供するのか。さらに生物多様性を少しばかり維持するのか)。

（14）カール・マルクスは人が思っている以上にエコロジストであり、「第二の農業革命」すなわち肥料革命が引き起こす矛盾について、フォン・リービッヒを通じて知っていた。マルクスが強調したのは、都市化、地域間での農業の専門化、集約的農業によって、窒素や他の栄養素の循環が破壊され、「人間と自然の物質代謝」が危機に陥ることであった。John Bellamy FOSTER, "La théorie marxienne de la rupture métabolique", Marx Ecologiste, Amsterdam, Paris, 2011. この危機はしかし、二度の世界大戦における窒素産業の発展によって一世紀近く遅らされることになる。Gèrard BORVAN, »Une brève histoire des nitrates », <seaus.free.fr>

さらに、人間の農業労働の生産性を上昇させると思われている現代の技術は、飢餓と縁遠いところでさえ、危険な食糧を生産すると疑われている。「危険な食糧が自分たちの子供に毒を与えているのではないかと問わねばならない最初の保護者の世代である」と、エコロジスト、パスカル・デュランは述べている。この食糧の毒性の問題はまず数量的な側面を持っている。アグリビジネス産業は砂糖、塩分、脂肪の多い消費モデル、動物性蛋白質の多い消費モデルを押し付けている（砂糖入りドリンク、乳製品、牛肉）。一方で飢えが増えているのに対して、他方では肥満や糖尿病が増えている。そして人びとは心臓病や糖尿病に対する抵抗力を無くしている。だが、おそらく問題は一層重大である。

さらに深刻なことに、農産物の化学的処理や農産物が食品産業によって処理されていることによる悪影響は、研究者たちがようやく明らかにし始めていることである。たとえばこうした悪影響を除くためには農薬の使用量をもう少しだけ下げればよいという考えが支配的であった。今日ではしかしルネサンス期の医師パラケルススが考えていたこととまったく逆に、毒の問題は「量」の問題だけではない。毒はいかに少量であっても、それに触れた人間の時期が問題なのである。新生児の自閉症は母親が数km先の畑でまかれた農薬にふれることから起こりうるのである。それは妊娠八週目において起こりうる。

ウィルスの攻撃に由来しないような様々な病気、慢性的な病気である喘息、糖尿病、不妊症そして大半のガン（つまり、バイ菌による攻撃に由来しない病気）は、徐々に環境の原因に関連させられることになる。そして数多くの場合、食物連鎖のレベルにおいて、つまり、畑や果樹の農化学処理から哺乳器の材料（ビスフェノルA事件）に至るまで、さらに鍋の表面処理やコーヒーカップの材質（長い間知られていなかった〔人工甘味料〕アスパルテームの危険）に至るまで、食糧産業の連鎖のすべての段階において、化学的処理が行なわれている。そして、最近始められた遺伝子組み換えによる栽培は数十年後になって初めて、人類全体そして近隣のエコシステム全体に影響を与えるような効果を持っている。それとは別に農民の自立性に対して短期的な影響が生じている。(15)

（15） 食糧と環境の安全性について専門家による批判として、つぎの文献を参照。André CICOLELLA et Dorothée BENOIT BROWAEYS, *Alertes santé. Experts et citoyens face aux intérêts privés*, Fayard, Paris, 2005, Dominique BELPOMME et Bernard PASCUITO, *Ces maladies crées par l'homme. Comment la dégradation de l'environnement met en péril notre santé*, Albin Michel, Paris, 2004. ＷＨＯ〔世界保健機関〕はヨーロッパにおける死亡の八六％、病気の七七％を「産業的疫病」であると結論づけている。環境と食糧に起因す

ることの健康の危機は、自由主義的生産性至上主義モデルのもとで、フォード主義から受け継いだ治療システムが悪化することによってさらに深刻化した。だが、この治療システムは元の状態に戻らないだろう。André CICOLELLA, *Le Défi des épidémies modernes. Comment sauver la Sécu en changeant le système de santé*, La Découvete, Paris, 2007.

人類を食べさせることはしたがって、量的であると同時に質的なチャレンジを意味している。人類「全員」を養わなければならない。健康にとり危険な農業技術を過剰に利用することをやめなければならない。すべての畑において、遺伝子組み換えのような技術をやめなければならない。[16] さらに有機農業が化学的な農業と同様に生産的であると仮定しても、追加的な二〇億の人間に食糧を提供するための土地を見つけなければならない。

(16) この二重のチャレンジと「有機」農業による解決について、偉大な農学者のつぎの著作を参照。Marc DUFUMIER, *Famine au Sud, malbouffe au Nord. Comment le bio peut nous sauver*, éd. NiL, Paris, 2012.

当面の解決策は、四つの利用の仕方が競争的に存在する土地について、不必要な土地の利用を減らすことである。[17] 最も容易な方法は、石器時代から行なわれていることであるが、そして現在でもあらゆることに関係なく、ますます強くなっていることであるが、森林という生物多様性を後退させることである。森林を開拓して、湿地を乾燥させる。だがこれは破滅的な変化を引き起こして、資源を枯渇させ、炭素の自然のシンクを閉めることになる。しかも、地球の代替物はない。ＦＡＯは森林の後退に強く反対している。だが野生の自然を維持するためのルールをどうやって受け入れさせるのか。現在コンゴの盆地に住む農民、アフリカの五大湖、アマゾンの農民たちは飢えが原因で森林を燃やし、自然の公園を破壊し、そして居住するようになっている。この問題を指摘することは、土地の配分における社会的正義の問題を考えることである。すなわち、世界的危機の社会的レベルの問題である。

(17) より正確に言えば、農業用の土地である。だが、都市のための土地利用がものすごい早さで増えている。これは依然として農村にとどまっている世界に対して周辺的に見えるが、都市はその歴史的な地点において増えている。そして、一般的にこれらの地点は最良の土地に近接していることによって選択されている。したがって、最良の土地は、とくに野菜畑を中心とする農業から取り上げられることになる。

「よろしい。けれども、生物多様性を維持しつつ、ほかの三つのF、すなわち、人間、動物そして機械のための食糧、飼料、燃料を生産するための十分な土地が存在するのだろうか。」この問いに対してFAOは肯定的に答えている。同様に、フランス科学アカデミーが二〇一一年に公表したレポートには『世界の人口、気候、食糧』という意味深長なタイトルが付されている。[18]

(18) www.academie-sciences.fr/activite 参照。

この問題に答えるための最初の要因は、Feed のF、すなわち、動物のエサを生産するための土地を減らすことである。直接的に(牧草)あるいは、間接的に(家畜の飼料としての大豆やトウモロコシ）である。[19] こうした「生産の迂回」によって同じだけの植物性蛋白質を生産するよりも一〇倍の土地が消費されることを思い出しておこう。したがって肉をなくすわけではないにしても、フランスを含めて二〇世紀中頃まで伝統的であった食事のなかで肉が占めていた位置を取り戻すことにしよう。その当時の食事は（豆・レンズ豆・インゲンなど）植物性蛋白質を主として構成されていた料理の端に肉が添えられていた。このような傾向は、最初の間反革命の動きとして、ヨーロッパの大衆によってもまた、新興国の中産階級によっても見なされるであろう。新興国の中産階級はそれまでの自国の伝統的なメニューであるフェジョアーダ（ブラジルの伝統料理［豆と肉の煮込み料理］）をやめて、日常的にステーキを食べることになる。ステーキという食事は、マーシャルプランが実施されるなかで北アメリカから輸入され、フォード主義的なヨーロッパをカバーして、労働者階級にまで受け入れられた。もちろん肉は（フランス西部やアルゼンチンのパンパ地方のような）牧畜地域に固有の料理に留まるが、肉はもう毎日昼も夜も消費されなくなる。そして、かつての「伝統的な料理」が「地球全体に食糧を提供する」ためというよりも、その味の良さや健康上の理由で復活するであろう。

（19）大豆が代表しているこうした派生的事実の地政学的な起源について、つぎの文献を参照。Natalie GANDAIS, « Du soja et de quelques autres plantes“agro-industrielles”», <http://gandais.net>.

ここで、魚の問題について考える必要がある。一五世紀までヨーロッパで魚は川、湖、そして、もちろん海でもきわめて豊富であった。魚は、大衆にとって主要であり、唯一の動物性蛋白質であった。

貴族やブルジョアたちが金曜日に宗教上の理由で魚を食べると、「痩せる」と言われたほどであった。だが魚は陸上の動物と異なって家で育てることはなかった。魚の養殖が、魚釣りによる魚資源の差し迫った枯渇に取って代わるわけではない[20]。魚の蛋白質は石器時代から人間の食糧において基本であったが、今日その重要性はますます低くなっている。魚は健康上の理由で奨励されているだけに、これは厄介な問題である。

(20) 問題のひとつは、魚の養殖が汚染された沿岸地域で行なわれたことである。魚の身体のなかで汚染は濃縮される。

さらに第三のFの問題が存在する。バイオマス・エネルギーの源泉としての土地である(あるいは、建築材や綿のような繊維製品の素材のための土地である)。今日、石油消費農業という大きな動きが存在する。この問題について、フランス科学アカデミーのレポートはつぎのように述べている。すなわち、第一世代の石油消費型農業を禁止すべきである。すなわち、エネルギーという目的だけのために栽培された植物から物質(エタノールやジエステル)を抽出することは禁止すべきである。これらの燃料によるエネルギー効果や温室効果ガスの節約は限られており、そして人間の食糧の生産と競合するからである。だが同レポートは第二世代のバイオ燃料について慎重である。すなわち、農業の残余物や森林の開発(わら、小枝、落木)から抽出されるエネルギーである。そしてこれらが農業に向かない低林地域で生産されても、これらの残余物が(バイオガスや石油に直接変換できないので)農業において果たす役割はますます重視されている。つまり藁を畑に戻すやり方である。さらに、森の開発によって生まれた柴を畑にまいて、有機窒素化合物を土地に戻して、土地の構造を回復させることである。最終的に、このレポートによれば、第三世代の農業エネルギーにしか将来性は認められていない。すなわち海藻による太陽エネルギーの摂取である。太陽に面した貯水池のなかで、微視的な海藻が、貯水池に注入される炭素ガスから油を生産する（これはしたがって、温室効果ガスの「シンク」でもある）。

したがって、このレポートはむしろ楽観主義的な合意を反映しているが、FAOの研究を含めて様々な定評ある研究が示しているように、地球を養うことのできる大地の能力についてはきわめて要求が高い。だが、同レポートが繰り返し指摘しているように、全体的なバランスのなかで、一定の地域は持続的あるいは不可逆的に食糧不足を余儀なくされる。たとえば、アジアの大半の地域がそうであり、人びとを養うのに必要な水と肥沃な土地が不足している。家畜のための食糧生産をやめて土地の使用を節約できても、そして、このことは必要不可欠であり（自然の原野における放牧をやめるわけではない）、このような方策だけで二〇億以上の住民に食糧をもたらすことになる。しかもこのような方策でさえラテンアメリカ諸国のように以前から大きな農業輸出国である国にしか妥当しない。国際的な食糧貿易は依然として必要である。

（フランス的に農業輸出国の地位を維持しようという意志に明らかに押されて）このレポートは農業の自由貿易を推奨しつつ、食糧主権を再び手に入れようという地域的な政策の持つ正統性を認識している。食糧主権には、国際的な技術及び金融の支援が存在しうる。そして価格は保障され、保護主義的措置が取られる。とりわけ強調されるのは農業の自由主義は輸出奨励金と合致しないことである（輸出奨励金はアメリカでもEUでも実施されている）。これらの奨励金はそれほど生産的で、地域に根付いた農業をダメにしている。

フランスの可能性

このように世界的な展望を行なったので、フランスの場合について詳しく見てみることは有益である。フランスではわれわれがこれからエネルギーについて語る研究（『ネガワット』*のシナリオ）と並行して、様々なアソシアシオンによる研究がすでに始まっている。これらの研究が検討しているのは、フランス人と近隣諸国の人たちの食糧生産のための農業の採算性についてである。さらに、バイオマス・エネルギーの注目すべき生産を検討している。われわれが以下でみるように、エネルギーの移行は農地に対して必然的にマイナスであり、植物のクロロフィル作用を通じて太陽エネルギーを取り入れることになる。忘れがちであるが、木材は人間が手に入れた最初のエネルギー形態であり、今後もそうであり続けるだろう。われわれが自宅の暖炉で使っていたような薪ではない。蒸気機関のボイラーで使っていた薪でもない。木材は現在ひとかたまりのブロックで販売され、高校や企業の暖房機の燃料となっている。とくに家庭の腐敗ごみや落葉は（電気を生産することに役立つように）焼却炉で焼かれている。だが、はるかに合理的なやり方で発酵器のなかでバイオガスを生産できる。焼却炉では、生ごみに含まれている水分が蒸発することによって得られるエネルギーが多く存在するので、浪費が生じている。また、焼却炉は有機窒素化合物を破壊してしまうが、これは、大地に肥料として返すほうがはるかに妥当である。

＊ネガワットは、ネガティブ・ワットの省略であり、電力の節約を発電と同義であると考える。一九九〇年アメリカ合衆国のエイモリー・ロビンスが提唱した。フランスの『アソシアシオン・ネガワット』は二〇〇一年に設立された。化石燃料や原発への依存を弱めることが活動の目的。エネルギー節約、エネルギー効率の改善、クリーンエネルギーの開発、脱原発が具体的な目標である。

バイオマスの利用の仕方について詳しく検討すること、しかも、フランスの食糧自給を確保したうえで輸出国としてとどまること、これがアソシアシオン『ソラグロ』の「二〇五〇年におけるフランスの農地利用」というシナリオの大胆な内容である[21]。この報告書は、フランス科学アカデミーが承認した提案を取り上げている。まず、肉食を減らすこと、とくに屋内で育成される肉を減らすこと（自然原野での牧畜が維持されるのは、肉が依然として必要であると同時に農村の景観、エコロジーそして自然の資産を守るためである）。つぎに、食糧の浪費にたいする真剣な闘い。これら二つの政策によりフランスの土地のかなり広い面積が解放される。化学的な農薬や肥料を減らすための闘いによって「エコロジー的、集約的耕作」を発展させることができる。つまり、同じ土地で相異なる植物を収穫するような耕作である。一部の植物の残りかすが他の植物にとって肥料となるので、生物多様性が促進され、受粉が促進される。言うまでもなくエコロジー的に集約的な農業は新しい農業技術のための研究や教育の努力を大きく前進させるが、旧くからの伝統が活性化することも多々ある。[22]

（21） www.solagro.org ［ソラグロは、一九八一年、ツールーズで設立されたアソシアシン。石油ショック後の社会状況において、農業、エネルギー、環境の分野でオルタナティブを目指す活動を展開している］.

（22） 農学者マルク・デュフュミエは「窒素のサイクルと炭素のサイクルを近づける」ことを述べている。周知のように、あらゆる植物は大気中の炭素、水素、酸素を固定することができる。そして、野菜だけが根の節でバクテリアとともに、あらゆる生命体の第四の要素である窒素を大気中から取り込むことができる。植物はしたがって、有機窒素化合物の最初の主要な生産者である。植物は有機窒素化合物をほかのすべての生命体に与えている。（ワラとなって）土に戻るか、食べられるか、である。そして、動物が排泄（尿素）を通じて有機窒素化合物を土に戻すことになる。野菜（とくにインゲン、レンズ豆、えんどう豆）は、それによって身体が形成されるタンパク質の一部を人間に直接供給するのに対して、「糖分の多い植物」（穀物、バナナ）はエネルギーとその他のタンパク質を供給する。ここから、伝統的な複耕作、牧畜と二から三年ごとの輪作という旧い伝統が生まれたのだった。この場合、野菜（白つめくさ、うまごやし）の栽培の時期を経過していた。現代の農業は農業地域ごとの専門化を進めて、このような輪作のサイクルを切断した結果、農業は窒素肥料の運送に高いコストを支払うことになっている。

このシナリオにおいてわれわれの食糧は砂糖や乳製品への依存が減り、その分穀物、果物そして野菜の占める割合が増える。土地は裸ではありえないのであり、相異なる六つの産物まで生産することができる。温室効果ガスの発生は反芻動物によるメタンの生産が減るので後退する（とはいえ現在の状態から五〇％を超える減少を期待することはほぼ不可能である）。具体的に言えば二〇一〇年現在（内臓を含む）肉製品は食糧の二九％を占めているが、二〇五〇年にはもはや一六％を占めるに過ぎなくなるであろう。そして植物性蛋白質は三七％から六五％に増加して、牛乳は二一％から一三％に低下するであろう。そして意外なことに魚と貝類は九％から二％に低下するであろう。全体としてこのような食の変化によって五〇〇〇万から八〇〇〇万haの土地が解放されることになる。その三分の一は休耕地となり、三分の二は自然の牧草地になる。人間の食糧の変化によってこのように自由になる土地がエネルギーとしての使用と肥料としての使用を巡る厳しい闘いの対象になる（その場合、フランスはヨーロッパ全体そして中近東に至るまでの地中海地方に対して農業輸出国であり続ける）。このシナリオでは森林は考慮されていない。だが平野部分はエネルギーあるいは肥料の利用に委ねられることになる。このように食糧として使われるはずの植物から燃料を引き出さないことは、伝統的な土地の利用方法であるエネルギーや肥料の生産者としての役割を強めることになる。だがもちろん藁や木を燃やすことにはならない。そうではなくてメタン化（つまり燃料となる液化ガスと肥料となる窒素成分を分離すること）によって、このシナリオはエネルギーの移行に貢献しつつ、ほとんど全面的に有機農業を取り戻すことになる。

以上で述べた研究に対して懐疑的であることもできる。これらの研究は気候変動が引き起こす大混乱を過小評価していないだろうか。オーストラリア、ロシア、ウクライナの干ばつや火災そして以前は千年に一度と思われていたような災害がフランスの森林を頻繁に襲うようになっている（たとえば一九九九年以降例外的に大きなハリケーンが三度もあった）。そして気候圏は、温暖化が3℃起ることによって五〇〇km程度極地に移動する。こうしたことによって将来への楽観的な展望は疑問視されるのではないだろうか。この問題について以下で考察される。いずれにせよこの「ソラグロ」報告はわれわれに決してあきらめないよう説得している。確かに農薬も遺伝子組み換えもなしで人類全体の食糧を生産することは可能である。

移行の可能性から実現へ

だが、いかにして実行するのか。具体的な言葉で表現しているという長所を持っているにもかかわらず、これらの報告〔ネガワット、フランス科学アカデミー、そしてソラグロの報告〕を読んで気づくことはこれらの変化を実現することになる経済的、制度的なシステムへの関心がほとんど不足していることである。つまり、科学アカデミーの結論は一連の提案で終わっているし、他の研究は一連の図表を掲げることで終わっている。確かに目的は分かっているけれども、目的を達成するための手段として政治的な意思が指摘されているだけである。

実際、政治的な意思に従って制度や強制的なメカニズム、規則性そして市場を変えることができる。何か別の事が可能であり、別の世界への移行が可能であるというのは市民たちの認識であり、この認識に従って市民は政治的に動員されることになる。だが政治的な動員は一般的に一時的であり、それは、一九三六年の大きな社会運動、レジスタンスの運動、そして一九六八年の運動が示している通りである。今日では移行のための運動は、はるかに持続的に表現されている。学校給食のなかで無農薬食品が占める割合を増やすために子供の保護者が活動している。小規模農業を維持してローカルな消費を促進するためのアソシアシオンの運動が存在する。そして都市で菜園や家庭の庭園を作り出している。さらに失業者のために菜園を作るという社会的連帯的経済の運動がある。(23) ボランティアによる食糧の給付が行なわれている（「心のレストラン」[*1]や「社会的食料品店」[*2]）。市民、農民、そして社会的連帯的経済によるこれら三つの運動がますます相互に強くなりつつある。確かに貧しい人たちに食糧を提供しなければならないが、何を与えてもいいというわけではないし、どんな方法であってもよいというわけではない。

（23）「コカニュの菜園」http://reseaucocagne.asso.fr

＊1　心のレストラン　一九八五年、俳優コリューシュによって創設されたアソシアシオン。貧困者に食料品を無償で提供する。国内に一一九の活動拠点を持ち、ベルギー、ドイツにも活動は広まっている。寄付金と自治体の補助金を主たる財源にして、創設以来、一〇億食を提供している。フランスでは二〇一一年現在、八〇〇万人以上の人びとが貧困水準以下の生活を余儀なくされている。

＊2　社会的食料品店　低所得者層に食品を低価格で提供している。年平均、一六万世帯が利用している。

このような社会運動は今日のフランスにおいても最も重要な運動のひとつであり、個人とその環境という関係の土台そのものを変革する目的を持っている。飢えから身を守り健康を維持するためには食糧が必要である。このような社会運動は永続的ではありえない。運動家による活動は他にも目的が生まれる。したがって、社会運動は制度的な勝利によって強化されるべきである。健康的で身近に入手できる食糧という新しいニーズをどのように制度化、ルール化することができるのだろうか。そのために、確かにEU共通農業政策を根本的に改革しなければならない。そしてこれらの報告書が批判している生産システムへの補助金を廃止しなければならない。構造的な政策は有機農業への転換とエコロジー的な強化に集中しなければならない。このような移行はすでに始まっている。都市の自治体は有機農業の団体と契約を交わして、四年間の市場契約［フランスでは地方自治体は公共事業の執行に際して、企業と通常四年間の契約を交わす］によって農民が有機農業に転換することがますます増えている。このことは同時に直接有機農業を始めたい農民が増えるために土地を開放しなければならないことを意味している。ここでも『土地の絆』のように、このような目的のために土地を買収することによって先駆的な役割を果たしているアソシアシオンが存在する。(24) このような活動と並んで「農業土地整備会社」［一九六〇年代から、フランス国内の農地開発を行なう。農業省、財務省の認可を受けている］を改革しなければならない。

（24）http://terredeliens.org『土地の絆』は、二〇〇三年に設立され、庶民教育、有機農業、倫理的金融、連帯的経済に関する活動を行なっているアソシアシオン」.

以上のように活動家による運動は活発である。政治に参加しているエコロジストを除けば、このことを理解している政治家はほとんどいない。政治家は活動家たちの成功を具体化できる制度的枠組みを見つけなければならない。

3　エネルギーにおける移行

エネルギーと気候の危機という二一世紀初めにおける、もうひとつの大きな危機について考えてみよう。一九九二年以来、徐々に、エネルギー・リスクの三角形の頂点のひとつである気候の危機に世論の関心が集まっている。エネルギー生産におけるガス、主として炭素ガスによって引き起こされる温室効果にともなうリスクである。だが、反芻動物や動物の糞、家庭の生ごみ、さらには米などの栽培によって生まれるメタンのリスクは当面無視されている。(25) 二〇〇七年のIPCCの第四次レポートとスターン・レポートは、何も行動が取られない場合の経済コストについて述べており、このことが、ポスト京都会議の国際協定を求める二〇〇八年末のコペンハーゲン会議を準備した。生産性至上主義の危機に対して、生産性至上主義の支持者による代替的な解決策が提示された。それは、三角形の他の二つの頂点であり、バイオ・エネルギーと原発である。

(25)　IPCCの専門家たちがCO_2に関心が集中して、その他の温室効果ガス、たとえばメタンに相対的に関心を持っていないのは、一九九二年のリオ会議に遡る政治的な背景が存在するからである。炭素ガスは工業に由来し、メタンは農業に由来する。貧困諸国は食べる必要があるので、富裕国による工業的な排出は贅沢である。リオの妥協は、先進諸国に対して「最初の一歩を踏み出す」ことを要求したので、メタンの問題は政治的に正しくないことになった。だが、これは正当ではない。家畜やコメの大部分は相対的に豊かな諸国で生産されている。他方、メタンの排出を避けることはCO_2の排出を避けるよりもコストがかからない。Benjamin DESSUS, Bernard LAPONCHE, Hervé LE TREUT, « Effet de serre, n'oublions pas le méthane », *La Recherche*, n° 417, mars 2008.

リスクの計測の強まり

バイオ・エネルギーの仮説はかなり早く批判されており、メディアでも地球における食の安全にひどい害をもたらすことが指摘されている。だからと言って、バイオマス・エネルギーの利用が排除されるべきであるということにはならない。これは、すでに見た通りである。固有の意味における農業エネルギー（第一世代と言われるものであり、小麦、サトウキビなどの食物栽培を止めることによって得られる）への批判が原発という、漁夫の利を得る形でのエネルギーが注目される事態を生み出す。

原発のリスクは多様である。まず原発事故のリスクがあるし、軍事核への利用のリスクもある。核廃棄物の管理は現状では解決されていない。そしてこの核廃棄物の管理がテロリズムのリスクを生み出している。廃棄物を利用して、広大な地域を故意に汚染することができる。これら三つのリスクは、エコロジストの活動家や平和主義者を除いて、誰も制止しなかった。二〇一一年初め、フランス大統領ニコラ・サルコジは、リビア大統領、独裁者、テロリストであったムアンマル・カダフィに原発を売り込もうとしていた。そして、原発事故のリスクは原発産業の歴史に深く足跡を残している。

すでに一九七〇年代、スリーマイル島の事故はアメリカにおける民間核開発の進展に歯止めをかけた。それから二〇年後、チェルノブイリの事故はソ連の原発産業に打撃を与えただけでなく、ソ連邦自身を揺らがせた。そして、西ヨーロッパの複数の国ぐにが原発を放棄した。それからさらに二〇年後、この事故の記憶は、数えきれないほどの犠牲者を除いて、徐々に消えつつあった（この事故は典型的な「システム」危機の影響を引き起こし、リーマン・ブラザーズの破綻と同様に深刻であったにもかかわらず[26]）。

（26）この数値は、直接的な犠牲者しか考慮に入れない人びとにとり、数千人にとどまるのに対して、たとえわずかであってもあらゆる量の放射能は統計的に病気のリスクに貢献すると考える人びとにとり、百万人になる。後者の考えは、つぎの文献で示されている。Alexey V. YABLOKOV, Vassily B. NESTERENKO et Alexei V. NESTERENKO（« Chernobyl. Consequences of the disaster for the population and the environment », *Annals of NY Academy of Sciences*, vol. 1189, décembre 2009）. この文献で使用されている研究方法はすでに批判されている。この批判について、チェルノブイリ事故後の病気、病死が過度に起こったことは、当時におけるソ連邦の組織的、倫理的な解体によって説明しうる。だが、ソ連邦の崩壊自体、チェルノブイリの事故と無関係だろうか。フランスのノジャン・シュール・セーヌ市で原発事故が起こり、パリ盆地の全体が最終的に強制退去の対象になったと仮定しよう。放射能による病気と事故後のストレスに由来する病気を区別できるだろうか。チェルノブイリ以降の近隣地域における生活の感動的な分析について、つぎの文献を参照。Strvetlana ALEXEIEVITCH, *La Supplication.*

Tchernobyl, chroniques du monde après l'apocalypse, Lattès, Paris, 1997.

まさにそのときフクシマの事故が時計の針を戻すことになる。そして、技術先進国においても、また、安全基準が社会的に厳密に遵守されているはずの国においても、原発事故は起こりうることを示した。たしかにフクシマの事故は地震と津波によって引き起こされた。だが、地震と津波のリスクは地質的なものであり、六つの原子炉が設置された地域において何ら想定外のことではなかった。にもかかわらず、原子炉は設置された。このことは設置者、エンジニアたちが正しく事故のリスクを評価できないことを示している。この事故は活動中の三つの原子炉に起こっただけでなく、停止中の第四号原子炉にも及んだ。そして、「冷却」のためプールに置かれていた核燃料棒のリスクが絶えず問題になっていた。最後に、数か月間「冷却停止」を試みたあげくつぎのことが分かった。新たにアクチノイドが排出されていたことは、がれきのなかでも小さな核反応がところどころで再び起こっていることを物語っていた。原子炉で使用されていたフランスのMOX（ウラニウムとプルトニウムの混合物、ウラニウムよりも百万倍放射能が高い）は廃棄物の状態でも、通常使用されている低濃度のウラニウムよりもはるかに危険であることがわかった。このように、事故のリスクは技術「進歩」とともに減少するどころか増加していたのだった。

その結果、有益な分析が始まった。現在まで、事故のリスクは完全に無視しうる、つまり算定できないと思われていた。二〇一一年以降、一定の確率的評価が可能になっている。この評価は、「一四

○○○原子炉年」について行なわれている（これは、世界中の原子炉が機能し始めた年月の合計である）[27]。一四○○○年について、原子炉の炉心は五回溶解した（スリーマイル島で一回、チェルノブイリで一回、フクシマで三回）そして放射能の大気圏への大量排出は、住民の生活を保障せず広い地域にわたって立ち退きを強制した。放射能の排出は四回に及んだ（レベル7の事故段階）。原子炉の大事故の確率は一四○○○原子炉年について年当たり四ないし五である。放射能の大気への排出を伴わなかったスリーマイルス島を考慮に入れるか否かで、事故の確率の結果は異なる[28]。一四○○○原子炉年についてレベル七の事故が四回起こる確率である。それぞれの原子炉について一年あたりの事故の確率は、○・○○○二八（一○○分の○・○三の確率）。これはさしあたり微小である。

(27) この確率の考え方は、実際のリスクに対して数値化しうる世論としてみなしうる唯一の情報の収集にもとづいているのであり、（ここでも）ケインズによって提起された。たとえば保険会社のような合理的な金融業者にとり、これは、唯一入手可能な基準である。あとで見るように、この「簿外」のリスクはフランスの信用の回復に対して大きな影響を与えることになる。

(28) フクシマの三つの事故は一つについてしか重要でないと反論することができる。その場合、本文における以降の叙述で与えられている数値は二で除すべきである。

フランスの五八ある原子炉について分析しよう。これらの原子炉の少なくともひとつに起こる事故のリスクは年あたり約○・○一六六であり、今後一○年間において約一○○分の一六・六の確率である。これはサイコロで六を出す確率であり、六連発のピストルでロシアンルーレットをやりながら自分の頭に一発を打ち込む確率である。[29] これはかなりの問題であることがわかる。そしてフランスの隣国ベルギーでは、電力の五四％は原発である。ドイツは二九％。スイスは三九％。そしてイタリアではベルルスコーニが原発復帰を表明していたが、国民投票で負けた。これらの国はフクシマの後に、原発から最終的に脱出することを決めた。脱原発の日程は、「すみやかに」から「段階的に」までさまざまである。[30]

(29) これらの概算的な計算は、確率が低い場合にしか有効ではない。六〇年の期間についてでさえ、フランスにおけるレベル七の事故の確率は一〇〇％に等しくない。だが、もし事故が起これば、その打撃とコストは計算不可能である。このリスクのより詳しい分析について、つぎの文献を参照。Benjamin DESSUS, Bernard LAPONCHE, *En finir avec le nucléaire, pourquoi et comment*, Le Seuil, Paris, 2011.

(30) スペインはこのような原発停止の決定を正式には行なわなかったが、この決定に従うための諸手段を実現している。すでに、スペインの大半の電力は再生可能エネルギーであるコジェネレーション、天然ガス発電の組み合わせによって供給されている。スペインにおける日、月、年単位でのエネルギーの組み合わせについて、つぎのサイトを参照。http://www.ree.es

「脱原発」とは何を意味するのか。段階的な脱原発とは、現在の原子炉が更新されないで自然に停止するまで待つことを意味する。すみやかな脱原発とは、原発が償還されないうちに停止させることを言う。原則的に、世界の原子炉の大半は、三〇年間機能すると想定されていた。だが、この期限が近づくにつれて、当然電力会社はこの期限がたんなる想定にすぎないと反論し始める。そして、三五年は大丈夫だろうと言い始める。したがって段階的な脱原発と言っても複数のタイプが存在するので、このことは他の二つの大きなエネルギー・リスクに対して強い制約を生み出す。

世界的レベルで、原子力エネルギーは世界の電気エネルギーの一六％しか占めていないし、世界の全エネルギーの四から五％に相当している。エネルギーの節約についてとくに対策を取らない場合、世界中で脱原発がただちに実現しても、温室効果はインドや中国の台頭によって一層悪化するだろう。これこそ、ほんとうの問題である。フランスのように以前から原発に依存してきた国は、脱原発によって、気候変動のための闘いにさらなる障害を持ち込むことになる。

実際の処、原発を何によって代替しようというのか。この問題はきわめて性急に、エネルギー・リスクの三角形のほかの頂点に逃げることによって答えられる。後に見るように、全体的に、原発はまったく代替されない。フランスのような核開発国家においても、現在生産されている原子力エネルギーの総量を上回るエネルギーの節約を期待することができるからでる。だからといって、逆の楽観主義に陥らないようにしよう。このエネルギーの節約（「ネガワット」、負のワット）は温室効果のための闘いに役立たねばならない[31]。

（31）このことを最も急進的な反原発論者たちは忘れがちである。彼らは気候懐疑論者に調子を合わせることさえある。「死の燃料」の激しい批判者たちが同じように、気候懐疑論者に調子を合わせている。残念なことに、エコロジー政策は三つのエコロジーのリスクに対して同時にたたかわねばならない。

気候の安定化の可能性についてもはや幻想を抱くことはできない。二〇五〇年までにプラス2℃に抑える、すなわち、IPCCが提案したシナリオA1bが実現される場合である。この水準はEUやコペンハーゲン会議、カンクン会議で決定されたが、二〇一一年一二月のダーバン会議では承認できなかった項目である。このシナリオでは、先進国は二〇二〇年までにCO_2の排出を一九九〇年に比して、二五から四〇%削減しなければならない。そして新興諸国も同じ日程でCO_2の排出を減らさねばならない[32]。だが、その可能性はもはや誰も信じていない。だからと言って、次善のシナリオであるIPCCのシナリオB1を回避することを放棄する理由にはならない。このシナリオによれば、3・5℃の温暖化効果が生じることになる。エネルギー危機を乗り越えることは、原子力のリスクと平行して、気候変動のリスクとたたかうことを意味する(これら二つのケースにおいて、リスクは確実に存在する)。そうだとすれば、どの解決策が残っているのか。本質的には三つの解決策がある。第一に、人間が最終エネルギー需要を減らすこと(「節約」である)。第二に、熱、運輸、さらにほかのエネルギーの使用目的のために人間によって使用されるエネルギーの「効率性」の改善である。最後に、更新可能で安全な「新しいエネルギー源」を開発すること。

(32) このような条件つきでも、プラス2℃の目標は保証されていない。この目標は推定のなかに含まれているにすぎない。

これらについて後に論述するに先立って、最も危険なエネルギー技術の維持を主張する強力なロビー活動について強調しておこう。すなわち、原発を続けて、シェールガスを引き出すために土地を切りきざいても構わない、という考えである。危機からの脱出のための闘いは、発展モデルの重要な改革を意味するが、後者はさらにロビー団体のもつ権力を問い直すことを意味する。これは決して容易ではない。ロビー団体が主張するのは、「今までのように続けない場合のコスト」についてである。すなわち、温室効果のための闘いと脱原発のコストである。だが、「今まで通り継続する」ことの環境リスクのコストは別にしても（このコストはスターン・レポートで計算されている）、彼らは、たとえば、原子力の維持による金融コストを忘れている。フランスの原発産業が提案した新しい原子炉であるＥＰＲ［欧州加圧水型炉］はまだ完成していない。そして現在建設中の二つはひとつ当たり八〇億ユーロのコストが見込まれている。この金額は、フランス政府が二〇一一年に採択した「緊縮政策」の各プランのコストに相当している[33]。フランスの原発を「ポスト・フクシマ」の基準に見合うようにするためには、数百億ユーロが必要になる。フランスの原子炉を一〇年延命させるために、二〇一二年の会計検査院報告によれば、さらに五〇〇億ユーロが必要になる[34]。

（33）ＥＰＲのコストが三〇億ユーロと推定されていた時期に、公共の利害のための協同組合（Les 7 Vents du Cotentin［一九八九年、ノルマンディー地方に設立され、持続的エネルギーの開発に取り組んでいる］）は同じ数値を用いて異なるシナリオを算出している。http://7vents.fr 参照。この協同組合は、一万人をフルタイムで雇用して、エネルギーを二倍だけ節約ないし生産している（ＥＰＲでは四〇〇人以下の雇用にすぎない）。

(34) 会計検査院による(私によれば低めの)見積もりである。La cour des comptes, *Le Cou^t de la filière électronucléaire*, janvier 2012.

化石燃料(石炭、原油、天然ガス)によって生じる温室効果ガスを削減しつつ、原子力エネルギーから脱出するためには、どこにエネルギーを見つければいいのだろうか。基本的には、自然が無償で提供している再生可能エネルギーに向かう必要がある。これはどのようなエネルギーだろうか。

太陽からやって来るエネルギーがある。太陽は地球に対して、地球が年間消費する一万倍以上のエネルギーを放出している。問題は、この太陽光線をとらえることにある。最も旧い方法は、植物やミクロ生物のクロロフィル機能によって太陽光線からバイオマスを作り出すことである。このようにして、直立猿人は最初のエネルギー形態である、木材の火を手に入れた。木材は、アフリカ、アジア、そして南米において大多数の人間の主要なエネルギーにとどまっている。きわめて近代的な形態で、木材は先進諸国に戻ってきており、ボイラーには木片が燃やされている。そして木材をバイオガスに変えるような、働き者のバクテリアを早期に発見できるという期待もある。

太陽の熱は大気を移動させる。そして、海の水を蒸発させる。この水蒸気が風で山に運ばれ、雨となり海に戻る。ここから歴史的に古代から利用されている二つのエネルギー、すなわち、水力発電と風力発電が生まれる。

地球と月を組み合わせた運動から潮の干満や海流が生じる。このエネルギーはまだほとんど開発されていない。最後に、重力により岩が圧縮され、マグマによって地下が熱せられている。これは、地熱の源泉である。

過大な幻想を抱かないようにしよう。海洋エネルギーと地熱エネルギーは現在のエネルギー移行期において、一時的にしか、大きな役割を果たさないように思われる。再生可能エネルギーは大部分太陽から生まれている。バイオマス、風力そして水力発電、さらには太陽温水器や太陽光発電である。これらの技術はすべて場所を取る。というのも、土地の単位面積当たりの太陽光の流れを効率的にとらえる必要があるからである。

したがってエネルギー移行の企画は、金融コストの制約のもとで、住民にとっての（原子力や気候の）リスクと競合する土地の活用とのバランスを取ることになる。

ヨーロッパ各国の現状

まずドイツの例を取り上げよう。ドイツには中小企業の濃密なネットワークが存在し、地域に分権化された制度組織が存在しているので、つねに原子力に対して一定の距離を置いてきた。さらに、（第二次世界大戦の記憶や高い人口密度など）ここでは詳細に展開しない理由にもとづいて、エコロジー運動がきわめて活発であった。二〇〇〇年代初めのシュレーダー内閣のSPD［社会民主党］と緑の党の連立政権以来、二〇二〇年までに脱原発の決定が行なわれた。シュレーダーの後継者であり、キリスト教民主主義者、物理学者であるアンゲラ・メルケルは危機の当初から「ドイツの競争力を弱めないように」という産業界からの圧力に応じざるを得なかった。産業界の圧力は、温室効果のための闘い、あるいは脱原発についても関わっていた。そしてメルケルは、原発の寿命を延ばすための投資を決意した。だが、フクシマのショックを受けて、シュレーダーの提案を再検討した結果、同じ日程の上限に戻ることになった。つまり、九年間で脱原発を実現する。これは、迅速な脱原発の日程である。二〇一一年以降、最初の八つの原子炉が停止される。

メルケルの決断にはもちろん政治的な動機がないわけではない。メルケルの決断は、興味深いことであるが、バーデン・ヴュルテンベルク州における緑の党の勝利の後に行なわれた。この州は、ハイテク産業の集積地であり、伝統的にキリスト教民主主義が勝利を収めてきた。メルケル首相はエコロジストの要求を少なくとも先取りしておく、さらに、二〇一三年の総選挙後には緑の党と連立内閣を準備することも考えている。だが、より重要であるのは、二〇〇〇年代初めにSPDと緑の党の連立内閣が、エネルギー転換のなかにドイツの中小企業を巻き込んだ政策を実施したことである。二〇一一年現在、再生可能エネルギー部門と省エネのために五四万人の雇用が実現している(フランスの原発産業の直接雇用は一三万人である)。そしてドイツでは大企業でさえ、脱原発に利益を見出している。シーメンスはEPRについてフランスのパートナーであったが、省エネ産業(鉄道)や更新可能なエネルギー(風力)に企業活動を多様化させている。このことがドイツの計画がうまくいっていることを示している。「旧く」なった産業から撤退するのではなく、二一世紀の産業のヘゲモニーを制覇することが問われている。

さらに詳しく見れば、ドイツの急速な脱原発が計画的な広がりを持っていることに驚かされる。このエネルギー転換を規定する少なくとも八つの法律が存在する。そこでは、転換の進め方が予測されている。電気エネルギーを代替可能エネルギーでカバーする比率は、二〇一一年の二〇%に始まって、二〇二〇年三五%、二〇三〇年五〇%、二〇四〇年六五%、そして二〇五〇年には八〇%と規定されている。二〇五〇年までの三〇年間に、この動きはもはや脱原発ではなく、温室効果のための闘いを目的にすることになる。

デンマークでは、前政権が考案した計画を早めることを、新しい左翼政権が決定した。この計画は、「エネルギー価格の上昇と省エネ補助」を組み合わせていて、二〇二〇年までに市民のエネルギー消費を八%減らすよう提案している。風力の比重は電力エネルギーの五〇%に達するはずであり、温室効果ガスの排出は一九九〇年に対して三五%カットされる。デンマークは原発を持っていないが、二〇三五年にはもはや発熱や発電のために化石エネルギーに依存しないことを選択している。

フランスの原発の状況

フランスは世界最大の原発国であり、電力の七五%を原子力に依存している。それにたいして、電力は最終エネルギーの三〇%しかカバーしていない。したがって、脱原発はフランスにとり、厳密に電力の使用について見れば手ごわい問題であるが、温室効果へのリスクはドイツよりも低い[35]。

(35) フランスの運輸部門はドイツほど効率的ではないし、ドイツよりも多くの化石燃料を消費している。« L'énergie en France et en Allemagne : une comparaison instructive », *Les Cahiers de Global Chance*, n° 30, septembre 2011.

伝統的に、フランスの大政党は（右派から、左派、共産党にいたるまで）原発賛成であった。彼らは原子力にフランスの自立の条件を見出したのであるが、それはまちがいであった。フランス国内ではウラニウムがもう産出されないし、ニジェールの鉱山を支配するための必死の戦闘（ニジェールはフランスで消費されるウラニウムの六〇％を生産している）はサヘル地域でのフランスの政策をますます困難にしている。フランスの外交と軍事部隊がイスラムのマグレブ諸国で、トアレグ族、アルカイダ、さらには中国と衝突するに至っている。

フランスにおける原発の分析はしたがってエコロジストたちによる反対にとどまっている。二つのアソシアシオンのネットワークが協力していて、エネルギー移行の分析をめぐって競争している。急速な脱原発の支持者である『脱原発 sortirdunuclaire』ネットワーク*と、『ネガワット』の研究ネットワークである。後者は段階的な脱原発を主張している。すなわち、三〇年を迎えた原子炉から廃炉を進める(36)。

*フランスの「脱原発ネット réseau sortir du nucleaire」は、一九九七年に設立され、現在、九〇〇の諸団体（企業、政党、労働組合など）が加盟している。六万人が脱原発ネット憲章に署名している。

この団体は、二〇〇五年、エコロジー・エネルギー・持続的発展・国土整備関係省の認証を受けている。

（36） 徒歩か自転車、という選択がある。これもまたあえてエコロジー重視を訴える必要のない戦略であるが、フランス国民が一日三〇分歩くための広告の予算を支出しなければならない。

エリートたちの抵抗を考慮に入れれば『ネガワット』の主張がより妥当であり、『ネガワット』の長所は脱炭素と脱原発をともに平行させて考えていることにある。したがって、つぎの三つの闘いが生まれる。

第一に、エネルギー使用の減少による「節約」のための闘い。家庭で暖房するよりもセーターを着込むだけでなく、またゆっくり運転するだけでもない（運転のスピードを下げる効果は潜在的に大きいし、その第一の効果は自動車事故の減少であるので、失望はない）。それよりも、節約の「程度」の問題である（照明や暖房を過度にしない）。また「利用」の程度の問題である（会社の建物や道路を不必要に照明しない）。そして、「共生」可能な節約である（たとえば、マイカーの利用を控える。そして公共交通を利用する。あるいは分乗、徒歩、やさしい交通手段を選択する）[37]。

（37） www.sortirdunucleaire.org, www.negawatt.org

第二に、エネルギーの「効率」のための闘い。同じ目的のために使用されるエネルギー量の削減である。「消費」のための効率性について（交通において公共交通への依存が強くなるとして）、とくに、住宅や他の建物の断熱化が重要である。また、「生産のための」効率性も存在する（機械の生産性の上昇）。

第三に、代替可能エネルギーのための闘いである。『ネガワット』によれば、最初の二段階が全体の三分の二の努力を意味している。残りの三分の一（二〇五〇年にはこれだけのエネルギーが必要になる）を満足させるために、『ネガワット』は代替可能エネルギーに向かうが、化石エネルギーには依然として一定の役割が認められる。つまり、化石エネルギーは、原子力の低下と省エネと代替可能エネルギーの台頭の間で均衡が取られるための手段となる。

一定の化石エネルギーがなお利用されることはまったく正常であり、ドイツあるいは他のどの国でも、脱原発を模索する場合、そうである。すべての化石エネルギーは同じ温室効果を有していない。石炭による汚染は石油による汚染を四〇％上回っている。さらに、天然ガスによる汚染は石油よりも三〇％下回っている。石炭発電を天然ガス発電に変えるだけで、温室効果ガスは半減するが、電力の生産は同一である。さらに望むならば、産出される熱と産出される電気を組み合わせる（コジェネレーション）、あるいは、産出されるエネルギーをガスの燃焼により「二度」利用することができる（サイクルの組み合わせ(38)）。

(38) 石炭ないし重油による火力発電所、そして原発でさえ、液体（一般的に水）を熱して機能する。そして、熱せられた液体が蒸気タービンを回転させる。天然ガスの場合、燃焼はタービンのなかで直接おこなわれるのに対して、羽根のついた軸を回転させるのはタービンである。だが、タービンから出る空気はきわめて熱いので、この空気は通常の火力発電と同じようにリサイクルされうる。

『ネガワット』のシナリオは大きな技術的な断絶を想定していない。それは、炭素の取り入れについても（第三世代のバイオ燃料は使用しない）、太陽の直接的な活用についても（太陽光パネルは低価格）、妥当する。それでも、このシナリオは驚くべき展開を提案している。

『ネガワット』はすでに二〇〇六年と二〇一一年にシナリオを公表している。二〇〇六年のシナリオは、執筆者たちの意向はともかく、かなりトップダウンであった。二つの目標、すなわち、段階的な脱原発と二〇五〇年までに温室効果ガスの生産を［二〇一〇年代央に対して］四分の三削減することが掲げられた。そして、節約、効率性、代替エネルギーという三つの分野で一定程度努力するよう要請された。二〇一一年のシナリオは、反対に、ボトムアップであった。まず消費のレベルから出発（節約と効率性）して、部門ごと、またエネルギー別に、エネルギーの生産のソースに努力が振り向けられる。二〇三二年までに脱原発が可能であるばかりか、温室効果の削減について余裕が存在する。フランスは二〇五〇年までに四分の三の削減を遵守するだけでなく、さらに四倍もうまく行なうことができる。『ネガワット』にとり、それは「エコロジーの債務を返済する」ための方法である。というのも、環境に関する正義は、すべての国ぐににおいて今世紀半ばに一人当たり温室効果ガスの排出が同一水準になる(39)だけでなく、大気に蓄積される温室効果ガスのストックへの貢献が最低でなければならないことを要求している。(イギリス、ベルギー、ドイツに続く) 世界の旧い工業先進国のひとつであるフランスは、人類に対して大きな債務を背負っている。二〇五〇年までに、温室効果ガスの削減について、二〇一〇年代央を基準にして四分の三の削減ではなく、一六分の一五の削減に目標を定めることは、排出された炭素ガスの蓄積にフランスが占める割合を大きく下げることを意味する。

(39) ニューデリーの「科学・環境センター」はすでにリオ会議(一九九〇年)から、各国間の割り当ての配分基準として、産児制限政策を実施する諸国に有利なように、一九九〇年の人口数を活用するよう提案している。

もちろん、このような楽観的な希望が認知される政治的なチャンスは実際にはまったくない。二〇年間で脱原発を実現して、二〇五〇年までに温室効果ガスを四分の三だけ削減することができれば、危険をともなうにしても、歓迎すべきことである。だが、このことが代替可能エネルギーの発展の観点から何を意味するのかについて詳しく検討しよう。

フランス本土の人口が六五〇〇万人から七二三〇万人に増加することを考慮に入れた将来予測に対して、二〇一一年の『ネガワット』のシナリオは建設(六三%減)、運輸(六七%減)、工業(五〇%減)における省エネを予測している。このことは、年間七五万戸の住宅がただちにリフォームされることを意味する。そして、暖房の需要について一平方メートル当たり四〇kWhの消費を達成することができる(これは現在の四分の一の水準である)。これに対して、特殊な電力の消費(運輸や暖房に利用されない電力であり、照明、コンピュータ、TV、洗濯機など）は二〇一〇年に比べて三〇％しか減少しない。

マイカーについて一言しておこう。安心してください。このシナリオでは年一人当たり走行する距離全体について二五％の削減を予測しているにすぎない。クルマは現在移動手段の六三％を占めているが、四二％しか占めなくなる。フランス人が望んでいる共生のための節約と効率性の程度が妥当であることがわかる。

『ネガワット』はバイオマス、より正確にはバイオガスの形態で分散された代替エネルギーの生産に大きな重要性を置いている。このバイオガスはバイオマスの発酵によって生じるものであり、『ネガワット』と『ソラグロ』〔本書、一七七頁参照〕のシナリオを結合することは重要である。「ネガワット二〇一一」は、エネルギーの三角形の第三の頂点〔バイオマスの開発〕のもつリスクについて十分承知しているので、森林や食料にふれないで、ワラや茂みを十分な量だけ生産できる空間を確保している。

このシナリオによれば、フランスは農業大国にとどまるが、耕作可能な土地の六分の一を馬の飼料であるオート麦の栽培に充てた一九世紀のように、フランスの農村は駆動エネルギーの大生産地帯になる。二〇五〇年には節約と効率性を組み合わせることにより、フランス社会の需要を満たすために傾向的な予測よりも二・二倍エネルギー消費を減らすことが要求される。エネルギー源に大きな変化が起こる。もちろん、風力発電が存在する。そのパワーは二〇二〇年までに現在の三・五倍になり、二〇五〇年までにさらに倍増する。そして一七四〇〇の風力発電が設置されることになる。二つのコミューンに、風量発電は少なくともひとつ存在するだろう。地上における風力発電の設置は海上の風力発電の設置と並行して展開される。太陽光発電は約九〇Twhを実現するだろう。これは、現在の強固なバイオマス（木材）による発電を下回るレベルである。最後に、バイオマスは風力と平行して増大するだろう。だが、風力は実際には今日ゼロから出発するのに対して、バイオマスは二〇五〇年までに倍増し、フランスのエネルギーの中心になるだろう。『ネガワット』によれば、エネルギーの移行は、バイオマスを活用するための現在の制度が発展することにかかっている。『ソラグロ』のシナリオによれば、フランスには十分な土地がある。それだけではない。農業の残滓、牧畜の汚物、家庭の生ごみは莫大なガスの備蓄を提供してくれる。ガスを（あるいは液化ガスを処理次第で）生産できる。全体で、異なる種類のバイオガスは二〇五〇年までに第一次エネルギーの四五％を占めることになる。

「ガス」に強い関心を持つ『ネガワット』のシナリオは、季節的で、間歇的で、「宿命的な」（つまり、生産の時間を決めることができないという意味）エネルギー源の時間配分の問題の解決としてガスの利用を考えている。これは、バイオマス、風、雨、日光、いずれに対しても、妥当する。ダムの水を上流の湖に向けて汲み上げる（これはレユニオン島のような熱帯地域では可能である）ことによって、日中と夜間の間でエネルギーを限界的に保有するのではなく、夏に生産され、冬に消費される数百ギガワット／時間のエネルギーを復元する必要がある。そして、人工的なガスの状態でストックすることだけが、シナリオの執筆者によれば現実的である。(40)

（40）（地中から引き出される）天然ガス、（有機物の発酵によって得られる）バイオガス、あるいは（電気化学によって得られる）人工的ガスはほとんど取り換え可能な混合物である。したがって、蓄積不可能なエネルギーは（メタンなど）可燃性の分子に変換される。そして、可燃性の分子は完全に蓄積可能であるので、その燃焼によって、葉緑素の働きや合成化学によって同じ年に大気に固定される炭素ガスを戻す。この考え方は、通常の見方と異なっている。後者によれば、エネルギーのバッテリー（電気化学による蓄積機）における蓄積が優先される。その土台となるのは、水素あるいは他のアルカリ金属（リチュウムなど）である。このエネルギーは、電解作用によって（夏）獲得されたのちに、化学作用（たとえば、酸素との結合）によって潜在的なエネルギーを戻す。バッテリーでの蓄積を重視する研究者たちにとり、リスクは、ボリビアのようなリチュウムの希少生産諸国に依存することにある。だが、他のアルカリ金属はふんだんに存在する。水素電池による解決（これもまた、以前に生産されたエネルギーの蓄積でしかない）はジェレミー・リフキンによって推奨されている。Jeremy RIFKIN, *L'Économie hydrogène. Après la fin du pétrole, la nouvelle révolution économique*, La Découverte, Paris, 2002 この解決は、この問題を生まないが、ガスよりも蓄積のさい、危険であり、複雑である。

結局、『ネガワット』のシナリオは温室効果ガスに対して明確に反対している。とくに二〇一一年のシナリオでは、寛大すぎると思われる水準において反対している。このシナリオは原発に対して「ロシアンルーレットで賭ける」ことを部分的に受け入れている。弱気の見方に立つ人びとはつぎのように考える。原発からの段階的な脱出のシナリオによれば、二〇二二年には二四の原子炉が残っている。したがって、二〇一二から二〇二二年の一〇年間平均四一の原子炉が機能する。そして、先の計算によれば、大きな事故の確率は一二％である。二〇二二から二〇三二年の一〇年間には平均一五の原子炉が残っている。そして、事故の確率は四％である。事故の全体的な確率は一六％程度になる。六のうちの一、あるいは（一〇年間に一回ではなく）一回だけのロシアンルーレットの確率が依然として続いている。これに対して、強気の人びとは、フランス社会党、共産党、そして右派において、これは引き受けるべきリスクであり、「最近二〇年間はうまくいった」、と考える。[41]

（41）フランスで起こった最悪の事故は一九八〇年のサン・ローラン・デ・ゾの事故である（冷却停止に続く原子炉内部における燃料溶解事故）。だが、われわれの問題（リスクの評価）から見れば、事故の重大性はその最終的な効果においてのみ評価されるわけではない。というのも、事故のあとで、「偶然うまく行った」ことはありうるからである。最も「心配された」フランスの事故は、一九九九年一二月二七日の世紀末の嵐によってブレイエの原発が浸水したことである。幸いなことに、その日、原子炉のコンピュータ制御エンジニアたちは、世紀末のコンピュータ・ネットワークの予想された混乱に備えて動員されていた。同様に、チェルノブイリとフクシマに続く重大な三番目の事故は、一九五七年のキシュテムの事故である。この事故はソ連邦によって長く秘密にされてきた。この事故の原因は、当時幼稚産業であった原発産業とスターリン主義にあった。この事故は、保険会社にとり二〇〇六年スウェーデンで起こったフォルスマルクの事故ほど「重大」ではなかった。スウェーデンの事故では、冷却回路の停電に続いて起こった炉心の溶解は七分間の猶予でかろうじて回避された。

弱気の人びとは、二〇年間での段階的な脱出という『ネガワット』のシナリオは無責任であり、段階的なリスクを許しているので、『脱原発ネット』が提案している五から一〇年での脱原発のシナリオに賛成することになる。[42] この脱原発のシナリオは節約についてははるかに強い制約を要求する。そして、最初の数年から、炭素ガスの大幅な削減を要求する。そして、一〇年で脱原発を実現する場合、電力生産のための化石燃料の消費は現在の消費量よりも二〇％増加する。現在の消費水準は、EDF［フランス電力会社］が誇っているように、高い水準ではない。だが、八年間に、フランスは温室効果ガスを少なくとも三〇％削減しなければならない。少しでも増やしてはいけない。『脱原発ネット』のシナリオは温室効果に対してはっきり言って無責任であるが、ただちに脱原発を考える場合、『ネガワット』の二〇一一年のシナリオに対して、達成すべき追加的な努力を相対化させているという長所がある。

(42) RESEAU SORTIR DU NUCLEAIRE, « Nucléaire : comment en sortir ? Études sur la sortie du nucléaire en cinq ou dix ans », 2007, http://sortirdunucleaire.org

『ネガワット』と『脱原発ネット』の二つのシナリオの支持者たちが相互に無責任を批判しあうことによって、コペンハーゲン会議の直前に行なわれた、エネルギー移行のための動員のためによくない影響が生じた。実際、半世紀以上に及ぶ生産性至上主義の影響を無視することは誰もできない。中期的には（五から一〇年）、フランスでも、地球上でも、稼働中の原子炉は過剰に存在するし、そして、温室効果ガスの排出も過剰にとどまる。本章の冒頭の逸話に戻るとすれば、そして、グリーンディールへの移行のスタート・ポイントを選択することができるのであれば、われわれは自由主義的生産性至上主義から出発したくはなかった。人類は、そしてとくにフランスは、エネルギーのリスクの三角形の三つの頂点［化石燃料、原発、バイオマス］の間で二〇から三〇年間遠回りするよう余儀なくされている。

だが、フランスは国際的な圧力を受けるリスクを伴っている。フランス国内のエコロジストたちはたとえ段階的な脱原発であっても伝統的な政党を説得するのに大きな困難に出会うことになる。しかし、フランスでは大きな原発事故のリスクは民間保険によってではなく採算を無視した国家によって暗黙に保障されていることを思い出そう。カタールの銀行やファンド会社はフランス政府に資金を融資する際、その計算のなかに原発事故の数理的な確率を含める（コスト×事故の確率）。そして事故が起これぱフランス政府が債務返済のモラトリアムを要求することを想定している。このことは、ドイツ国債に対してフランス国債には二〇一一年以降スプレッドが課されていることを説明している。その結果、フランス国債はトリプルAを失った。そして、フランス政府が原発依存に固執することによって新しいカントリー・リスクが評価し直されるに応じて、ますますフランス国債の格下げが進行する。[43] EUレベルで「連邦予算主義」が制度化されることになれば——その可能性は高いが——そのときフランスの近隣諸国はフランスの原発に与えられる「採算を無視した」保障に自動的に関わることになる。だが、これらの国は二〇一一年以来、急速に脱原発を実現するための努力を展開している。これらの国は原発事故という大きなリスクに曝されている国による保障を受け入れないであろう。このリスクについて、旧ソ連と日本が悲惨な例を示している（フランスの退去地域は、チェルノブイリやフクシマよりも人口密度が高いので、はるかに深刻である）。こうして近隣諸国はフランスに対して即時的な脱原発を要求することになる。

（43）もちろん、フランス政府の現実の赤字は何よりも、二〇〇〇年に財務大臣クリスチャン・ソテールが失脚して以来取られてきた自由主義政策の結果である。同氏は好景気時における国家の債務削減を実行しようとした最後の財務大臣だった。すべての自由主義者（と奇妙にも何人かのケインズ主義者も）は、彼が「隠し金」を作ろうとしていると非難して、スキャンダルを作り上げた。一九九七年から二〇〇二年における左翼政権（社会党・共産党・緑の党）のマクロ経済政策の成功と誤謬について、私のつぎの著作を参照されたい。Alain Lipietz, *Refonder l'espérance. Leçons de la majorité plurielle*, La Découverte, Paris, 2002. さらに、その後保守政権によって減税が繰り返された結果、二〇一〇年を通じて、年間九〇〇億ユーロが必要になった。

移行のための手段

『科学アカデミー』や『ソラグロ』の食の移行に関するシナリオと同様に、エネルギー移行のシナリオには未達成という欠点がある。これらのシナリオは何をすべきかについて説明しているが、その方法について述べていない。だが、エコロジーの計画、つまり、可能性から現実への移行は、数年前から理論的な分析と大規模な実験の舞台となっている。京都会議における合意以来、人類全体、少なくとも合意を批准した諸国は、温室効果ガスの排出を削減する期限と「量的な」目標を掲げている。

ＥＵでは各国に割り当てられる負担を年ごとに算定している。定期的に法律の見直しをおこない、ＥＵ議会とＥＵ首脳会議が関わって、目標を見直して、手段を強化している。脱原発は、ＥＵレベルの権限ではないが、この目標を受け入れた国ぐには法律と目標を達成するための手段を明記している。その手段とは何か。

まず、物理的、財政的な手段がある。政府は目標を実現するために、予算を投資する。それは、公共交通機関への投資や公共の建物の断熱化の補助金を含む。これらの投資は、事前に決められた数値目標に相応している。ここでは、目標ごとの計画化は物理的に行なわれるので、財政計画と混同されることになる。

だが、予算の裏付けをともなわない、厳密に政治的な手段（法律ないし行政指示）は分権化されていて、規準という形態をとる。エネルギー効率を求める闘いの主要な手段は、この規準である。だが、注意する必要がある。規準を決めること（クルマ、洗濯機のエネルギー消費の削減、ガラスの改良の義務化、一平方メートル当たりの断熱の改良など）は、最終消費されるエネルギーの全体量を制限することをまったく意味しない。省エネタイプのクルマの持ち主がこの利点を生かして走行距離を伸ばすことになれば、大気にとり、あるいは地方自治体にとり結果は厳密にゼロである。これは「リバウンド効果」である。利用者が自ら節約のための闘いを展開しないかぎり、効率性におけるすべての技術進歩は浪費の増加によって相殺される。

だが、リバウンド効果の可能性があるからと言って、エネルギー効率を改善する努力が否定されるべきではない。その反対に、効率の増加は、エネルギー・リスクの三角形からの脱出において三分の一近くを占めている。効率性は、第一次エネルギーの消費を大きく減少させるようなエネルギーの節約を可能にする。そして、人類がエネルギーに期待しているサービスが同一の割合で減少するわけではない（機動性、暖房、照明、視聴覚機材や情報機材の使用など）。

リバウンド効果への反論に答える手段であり、政治的な手段として、割り当て政策がある。これは、京都会議の合意の手段であり、気候に関するＥＵの基本的手段である。これは、物理的な計画を意味している。温室効果ガスの排出に関して毎年全体的な目標を設定して、各国に配分される官僚的で硬直的な政策である（これはソビエト的な計画に最も似ている）。たとえば、ＥＵにおいて民間航空全体に対して一定の割り当てが配分されるのであれば、成長途上にある航空会社は年末までに割り当てを使い切る可能性があるので、他の会社の割り当てを買い戻すことができる。この他の会社は商業的な失敗を犯したのか、あるいは飛行機のモーターを変えてエネルギー効率を大きく改善させたのか、いずれかである。割り当て市場はいかなる場合においても、温室効果ガスの計画的な総量を混乱させるわけではない。この市場によって、もっとも効果的な努力がなされるところでこの努力を奨励することができる。この市場に対して寄せられている批判は、十分理解していない反市場主義のイデオロギーに従っているだけである。[44]

(44) 割り当て市場のメカニズムは、すべての人為的なメカニズムと同様に、不正や機能停止の対象になりうるのは明らかである。だが、割り当ての交換を禁止する法律が不正に対してより有効であるという保証はまったくない。これは、密輸の存在が示す通りである。

最後に、われわれは環境税ないし汚染税という、もっとも分権的で、柔軟であり、そして経済的自由主義の商品論理に合致するメカニズムを有している。これは、商品交換に課される間接税であり、古代から存在している。だが、財政的な動機（政府や自治体の予算を確保する）とは別に、汚染の排出という税の対象が選択されることは、汚染者である納税者が関係する汚染を無意味に排出しないよう説得することを狙っている。

だが、実際には汚染税の目的は、より複雑な分析を必要とする。[45] たんなる抑制である（禁止の柔軟な形態であり、一定の罰金を支払う）か、あるいはその反対に物理的な修復を資金調達するメカニズムである（浄水化のための税金、これは、汚染者負担の原則である）か、賠償のメカニズムである（第三者への強制的な保険のように）。この第三の動機にもとづいて、イギリスの経済学者アルフレッド・ピグー[46]が環境税を発案した。蒸気機関車が走っていく畑のなかで火事をおこしかねない火花を散らすのを見ていたピグーは、農業経営の弁償のために、鉄道会社に税金を支払わせることを提案した。これは、環境への被害の（確率化された）コストを鉄道会社の原価に含めることを意味する。この場合、環境税は保険の役割を果たすのであり、かつ、「外的コストを内部化する」。だが、ピグーによれば、この環境税について、奨励金と罰金を導入することができる。そして、鉄道会社は住民にとり最も安全な機関車を選択することができる。第三者への保障という性格を基本的に有する税が誘導的な側面を持っていることは、ピグーの提案の本質的部分である。外部コストを内部化して、外部にとり危険な技術の選択を行なわないよう説得して、「外部コストを内部化する」環境税のことを、ピグー税と呼んでいる。

環境税の実際の効率性は、人が何と言おうと、否定しえないものである。計量経済学が示しているように、どの国の運転手であれ、あるいは同じ国においても年ごとに、ガソリン価格の変動に応じて走行距離は変わる。環境税はしたがってリバウンド効果を回避するためにきわめて有効な方法である。強制される価格と需要量の厳密な相関関係を打ち立てる経済モデルによれば、いい意味での、自由価格による計画化の手段となりうる。「好きなようにして結構です。でも支払ってください」。

(45) つぎの私の著作を参照。Alain Lipietz, *Qu'est-ce que l'écologie politique ?*, *op. cit.*, 私の報告書である « Économie politique des écotaxes », *Conseil d'analyse économique* n° 8, La Documentation française, Paris, 1998, <http://lipietz.net>.

(46) Alfred C. PIGOU, *Wealth and Welfare*, Macmillan, Londres, 1912［八木紀一郎監訳、本郷亮訳『富と厚生』名古屋大学出版会、二〇一二年］

4 エコロジーの計画化の重要性

経済学者たちは伝統的に、「リベラル」と「指導的《ディリジスト》」という資本主義モデルの二つの特徴を対立させている。自由主義モデルでは、企業は市場で何を生産し、いかなる価格で販売するかを選択する。指導的モデルでは、国家がさまざまな手段によって、民主的に、（あるいはまったく非民主的に）決定された公共の目的に応じて政府の決定を実施することになる。「計画化」は、政府の手段の一つである。

数年前からフランスでは、「計画」が増えている。これらは大半がＥＵの指令によって課されており、環境保全に関連している。計画とは、期限付きで、物理的に数値化された目標である（CO_2トン数の削減、鉛を含まない規準に合格した旧い水道管の割合、エネルギー消費の低い家電製品の割合など）。これらの計画は大半がＥＵレベルでヨーロッパ議会において、アソシアシオンや官僚と連絡を取りつつ十分議論されているが、最も欠落しているのは、これらの計画を集団的に練り上げて、相互的な整合性を高めるための、「計画化」の過程である。計画化において何よりも重要であるのは、計画を「作る」という意味での「計画化」である。計画化は民主的でなければならない。社会は、決められた期限で、一定の結果を実現するために努力をする「値打ちがある」と判断するのであり、その実現のための手段について議論する。そして、政府と民間のイニシアチブの役割分担を決める。このような計画化の方法はかつて、「フランス的計画化」と呼ばれていた。環境のグルネル協定［二〇〇七年、サルコジ大統領のイニシアチブで開催された環境保護のための広汎な話し合いにもとづく］は、ある意味で、フランス的計画化への復帰の失敗例である。

目標ごとに、期限を設定して、物理的な計画を作成する計画化は、環境危機の緊急性ともちろん関連している。計画化は、期限つきで経済のアクターたち（企業と家庭）を動員するために効果的な方法である。アクターたちに対して、政府は一連の措置と公共投資を約束する。したがって、この一〇年間フランスで相次いだ政府の混乱したやり方、そして（たとえば太陽光パネルに関する）環境のグルネル協定の目標が絶えず見直されていることは、とくに残念である。

だが、この緊急性にもかかわらず、（「計画」とは反対に、その理由について後述参照）計画化は、「旧ソ連的な計画化」の思い出と関連するがゆえに、メディアの受けはよくない。だが、目標を定めることはその実現のための方法についてまで偏見を抱かせるわけではない。EUの指令や京都合意のような国際的合意において、各国に対して温室効果ガスの割り当て目標が課されるが、各国政府は自らが良いと判断する方法で、目標を実現する責務を負う。

しかし、EUは大企業自身を直接拘束するような計画を発表している。それによれば、大企業はたとえば、温室効果ガスの排出を削減する目標を尊重しなければならないし、石油やガスの戦略的な備蓄を余儀なくされる。このような計画化の官僚的なやり方は、企業に割り振られた割り当てを企業間で交換することによって緩和されている。大半のエコロジストたちはこのようなやり方を承認している（オルタナティブ・ノーベル賞受賞者である故アニル・アガルワル〔一九四七—二〇〇二年〕によって一九九二年のリオ会議でこのやり方は推奨された）。だが、彼らが批判しているのは、割り当ての配分における厳密性の欠如であり、計測可能な削減枠を工業化の途上国における不確かな削減予定枠と交換するという不確実性である（この交換は、「クリーンな発展のメカニズム」と呼ばれている）。

官僚的な一方的なやり方が個人に直接適用されて、汚染枠が配分されることは耐え難いことである。各個人、各家庭はまったく異なっている。ある人は寒い地域に住んでいるし、他の人は温暖な地域に住んでいる。前者は肉体労働についていて、後者はエアコンのあるオフィスで働いている。同様に、割り当てによる方法は、中小企業には適用できない。監視を強めすぎることになる。ヨーロッパの数億の「小さな汚染企業」に対して、省エネ、省資源、汚染の抑制を経済的な設備への補助と結びつけて、環境税により誘導すべきである。

諸個人は多様であり、自立しているので、全員に対する強制的な割り当ては拒否すべきである。この拒否は、割り当てを交換できる可能性によっても変えることはできない。交換が可能になると、最も貧しい人びとは自分の割り当てを「大気の高利貸し業者」に再販売する危険がある。エコロジストが推奨しているのは、その反対に、基本的な人権に類似するような、譲渡しえない権利として、水とエネルギーの最低限の割り当ての権利を推奨している。

計画化はこのようにエコロジーの観点から必要であり、経済的に効果的である。そして、政府は一定の期限で民間企業に確かに必要であるがリスクのある選択を行なうよう提案する。この選択は、市場により自動的に生まれるのではない。市場はエコロジーの制約を知らないでいる。「計画すなわち、反偶然」と、ピエール・マセは述べた(47)。はたして、計画化は政治的に望ましく、受け入れられるだろうか。

(47) Pierre MASSÉ, *Le Plan ou l'anti-hasard*, Gallimard, Paris, 1965.

第二次世界大戦後の解放の時点で、フランスを立て直して、(フォード主義という)生産力主義的近代化に向けてフランスを方向づけるべく、旧レジスタンスの闘士、ドゴール主義者、キリスト教民主主義者、社会党員、共産党員はともに「フランス経済計画庁」を構築した。

その一〇年後、旧ソ連の失敗はすでに明白であり、(ソ連の非効率的な)プランと「フランス的計画化」(誘導的、組織的)は、対立する性格を有していた。だが、ドゴール将軍はフランスの計画を「断固たる強制」として定義し続けていた。

現在の「断固たる強制」とは、ご存じのように、地球を救うことである。もつれている人類を再びつなぐことであり、九三億の人類に食糧を保障することである。現在すでに七〇億に達している世界人口のうち、一〇億は栄養失調に陥っている。IPCCは期限を出している。われわれは二〇五〇年までに温室効果ガスをめぐる迷いを解消して、温室効果ガスの排出を三分の一削減すべきである。そして、このことは、フクシマが示したように、脱原発を最短で実現しつつ行なわれるべきである。フランス、ヨーロッパ、世界全体は、比較的早いうちに実現すべき目標に向けて経済を動員するために、ルールにしたがって今から動かねばならない。人類が終末の前夜を迎えないよう、また迷信であるが終末を意味する不吉な四〇年を迎えないよう願いたい(48)。

(48) TVドキュメント映画シリーズ『戦争 The War』[二〇〇七年] は最近、アメリカ合衆国がきわめて急速に戦争経済に転換したことを回想させてくれた。(一九四二年一二月の) パール・ハーバー襲撃の数か月後、フォード社は民間企業でありながら、戦闘機を週七日、一日三交代制で休みなく生産していた。完全雇用を実現してこの転換を可能にしたのは、公的受注によって動員経済に移行したからであった。

エコロジーの計画化は今なお幼児期の段階である。それぞれの組織の良くない効果が認められるし、これらの良くない効果は何もしないことの理由になっている。だが、人類はこれらの組織を展開して、良くない結果を排除しなければならない。しかし、われわれが忘れるべきではないのは、計画化について、何よりも重要であるのは、組織ではなく、達成すべき目標を民主的に決定することである。エコロジー・リスクの三角形を脱することは何よりも、核爆発の危険と気候変動の確実性、そして、バイオマス・エネルギーの拡大によって生まれる農産物価格の上昇圧力、これらの間で決断を下すことである。そして、社会がこの三角形から脱することを決めたとき、社会は節約か効率性か、いずれを優先するか決断を迫られる。したがって、これら二つのエドニズムから選択することになる。[*] 言い換えれば、本書の結論において考察されるグリーンディールの (政治的)「願望」という、重要な問題である。

*労働、そして消費を節約することによる喜びか、クリーン技術を用いてもっと消費を増やすか、という選択。

第5章

グリーンディールの険しい道

「清貧かつグリーンな繁栄」[1]が環境の保全と完全雇用を実現して、人類相互の公正さも実現するという可能性は、政治的な実現可能性を意味していない。現在われわれが直面している危機に匹敵する大危機についての最良の経験は、一九三〇年代の大恐慌の経験である。これら二つの大危機は、グローバルな次元と「経済自由主義」の側面という共通性を有している[2]。一九四〇年代、カール・ポラニーは大危機において、全体主義、スターリン主義、そして社会民主主義という三つの解決策が可能であると述べた。最終的な結果はフォード主義であり、それは社会民主主義ないし社会的市場経済という形で一九五〇年代に実現することになる。

（1）二一世紀初めにおける大危機のエコロジー的な解決に関する文献は豊富に存在する。たとえば、イギリス、ベルギーではそれぞれつぎの著作を指摘できる。Tim JACKSON, *Prospérité sans croissance. La transition vers une économie durable*, *op. cit.* Jean-Marc NOLLET avec *Le Green Deal. Proposition pour une sortie de crises*, Le Cri, Bruxelles, 2008. さらに、アメリカでは、つぎの著作が存在する。Lester R. BROWN, *Basculement. Comment éviter l'effondrement économique et environnemental*, Souffle Court, Bernin, 2011. これらの議論とさまざまな提案は本書とまったく整合的である。本書の独自性は、こうした分析をレギュラシオン・アプローチのなかに根付かせたことである。

（2）もう一つの共通点は、ケインジアンたちを含めて、危機が表面化する直前において共通に目をつむっていたことである。ただし、J・スティグリッツやほかの若干の研究は例外である。Joseph E. STIGLITZ, *La Grande Désillusion*, Fayard, Paris, 2002. 彼らはほとんどがせいぜい「ミンスキー的な」危機を予想していたか、あるいは、例外的に、過少消費危機を予想していた。たとえば、Jean-Paul

FITOUSSI et Jacques LE CACHEUX (dir.), *L'État de l'Union européenne 2007*, Fayard/Presses de Sciences Po, Paris, 2007. はヨーロッパ構築に固有の脆弱性と所得分配の危機（「競争的緊縮」への復帰）に関するすぐれた分析であるが、すでに現実化しているエコロジー危機に対してまったく無関心である。私は、『砂時計社会』（*La société en sablier, op. cit.*）のなかで抽象的にせよ、自由主義モデルへの復帰がグローバル化と金融経済化によって事態をさらに悪化させて、ますます重大な循環的危機の復帰を引き起こすこと、そして他方で、現代農業、温室効果、原子力産業のもつ危険性を批判した。その後、二〇〇七年以降、私のホームページのサイトでブログ日誌を掲載し続けている bloglipietz.net。この日誌のなかで、私はヨーロッパ議会という類まれな観測所を通じて、現在の大危機が世界的な食糧危機に始まりサブプライム危機に到達するというまったく意外な展開について分析している。

不幸なことに、一九三〇年と一九五〇年の間に、世界は恐ろしい世界大戦を経験しなければならなかった。そして、半世紀にわたりスターリン主義と領土的妥協を受け入れねばならなかった。一九四一年初め、ファシズムがヨーロッパの大半の地域を支配していた。そして、残りの地域はスターリン主義の支配下にあった。自由の国イギリスは、経済自由主義から直ちに戦争経済に移行した。そして、中立国スウェーデンとスイスは一定の社会民主主義を実験していた。世界のほかの地域では、日本のファシズムはアジアの大きな地域を支配していた。ルーズベルトのアメリカだけが、社会民主主義モデルの諸要素を大規模に実験していた。他方、ラテンアメリカ新興諸国は、スターリン支持派であるメキシコとファシズム支持派であるアルゼンチンの間で分裂していた。日本がアメリカを攻撃し、ドイツがソ連を攻撃したのちになって、初めて世界はファシズムから解放された。そして、五〇〇〇万人という犠牲者をともないつつ、社会民主主義とスターリン主義の連合がファシズムに勝利した。

二〇一〇年代の世界は、このような悲劇的な事態を回避できるだろうか。リーマン・ブラザーズが破綻した後、二〇〇八年末に大きな期待が存在した。たしかに、金融システムは崩壊し、GMは解体直前であった。世界のエリートたちはケインズ主義に目をさまし、全員が、「緑のルーズベルト主義者」になった。オバマ、ゴードン・ブラウン、メルケル、サルコジ、ストロース・カーンたちはフランクリン・ルーズベルトの役割を演じようとして、愚かな資本主義を自己調整的市場の見えざる手から救出しようとした。それから三年後、イギリスではゴードンに代わって、ジェイムズ・キャメロンが首相についた。アメリカではティーパーティ（茶会）が超自由主義的な経済路線を主張した。そして、サルコジやメルケルは財政赤字ゼロという「黄金ルール」[3]をヨーロッパに受け入れさせようとした。かくして、ハーバート・フーバー〔一九二九—一九三三年、アメリカ大統領（共和党）〕、アンドレ・タルデュー〔一九二九年から一九三二年にかけて数次にわたりフランス首相就任〕・ピエール・ラヴァル〔一九三〇年代のフランス首相〕、ラムゼイ・マクドナルド〔イギリス首相、一九二九—一九三五年〕・フィリップ・スノーデン〔イギリス財務大臣、一九三一—一九三七年〕たちが実施したデフレ政策に舞い戻った。言い換えれば、一九三二年に舞い戻った。したがって（二〇〇八年九月に起こった）リーマン・ブラザーズの破産は一九二九年一〇月の暗黒の木曜日に重ね合わせることができる。それゆえ、グリーンディールに対立する敵や障害を考察するに先立って、一九三〇年代の悲しい歴史を簡潔に回顧しておくことは無駄ではない。

（3）（経常的な予算ではなく）政府予算全体について赤字ゼロは、再建期ないし現在のような移行期においては非現実的である。

1　大恐慌の重大な政治経験

高い設備投資と生産性の上昇にもかかわらず、賃金が停滞し、利潤が増大した一一年間に及ぶ「熱狂」（怒号）は一九二九年一〇月二九日の暗黒の木曜日によって終幕した。この株式クラッシュはアメリカで（五〇〇〇行以上に及んだ）銀行閉鎖の大波と産業界における混乱を引き起こした。

経済的自由主義による最初の対応は金融部門の救済ではなかった。その反対に、誕生したばかりで未経験のアメリカ連邦準備銀行は、金融引き締め政策で対応した。これは、経済的な動態に対する典型的な過ちだった。過度に緩和的な金融政策が暗黒の木曜日に先立つ株式バブルを生み出したのであるが、だからといって、「引き締め」政策は事態を改善しはしない。それどころか、バブルがピークに達したとき、金融緩和的政策は必要である。

そのつぎの反応も、反生産的であった。ホーリー・スムート法［一九三〇年、アメリカの輸入関税の大幅引き上げを実施した］(4)が定めたように国民的な保護に向けての競争が始まる、つまり、保護主義が出現した。市場が収縮すると思われたので、国内市場を国産品に充てることは正しいと思われた。だが、大半の工業国で、輸出向け産業部門が製造業生産の三分の一以上を占めていた。国内市場の拡大のための措置が存在しない場合、輸出の突然の削減は不況を意味する。だが、世界市場の収縮は保護主義的な措置によるのではなく、国内市場における需要の後退と世界的な貨幣量の収縮によるものであった（コーヒーのような「朝食の素材の供給」は保護主義の対象にならなかったが、それでも国内市場は崩壊した）。

（4）保護貿易の法律は一九三〇年六月一七日、フーバー大統領によって、アメリカ合衆国下院において多数決で採択された。にもかかわらず、同大統領と下院の多数派は経済的自由主義の支持者であった。

貨幣量の重要性はただちに認知された。世界的に価格が低下して、供給と活動を削減した。真の貨幣（金）は希少になり、信用はほとんど供与されなかった。徐々に、信用のある貨幣も金との関係を放棄するに至る。(5) だが、代替策はなく、たとえばＩＭＦ〔国際通貨基金〕に対する「特別引き出し権」は存在しなかった。これは、現在との重要な違いである。

他方、債務の返済不能という回避できない問題は今日よりもこの時期には真剣に検討されていたように思われる。この時代、民間債務の不払いはドミノ効果によって、債権者である銀行の破産を引き起こした。だが、一九三〇年代には、債務不払いは受け入れられた。というのも、商業銀行が発行した貨幣量は真の貨幣として認められていなかった（それは、たんなる信用であった）。そして、どの銀行もシステム全体を左右するような位置を占めていなかった。それに対して、主権的債務《ソブリン》（国債）はシステム全体の問題としてみなされていた。

（5）一九三三年のロンドン会議。イギリス・ポンドと金との兌換は一九三一年から放棄された。アメリカ・ドルの兌換は一九三三年に放棄された。金と銀の複本位制に戻る計画は検討されたのちに、破棄された。

ロシアのツァー時代の莫大な債務はすでにソ連邦政府によって放棄されているとみなしていたので（その結果、ソ連は自給自足経済を余儀なくされた）、主要な債務はドイツに関わっていた。第一次世界大戦は、もっぱらフランスとベルギーの領土で、つまり、西側で展開されたので、ベルサイユ会議では、ケインズの警告にもかかわらず、賠償の全負担をドイツに負わせた。一九二四年からすでに、この負担は大きすぎることが認められていたが、最初の再交渉（ドーズ案）は不十分であった。危機の発現とともに、このような莫大な債務のもつ景気後退効果は明らかであった。一九三〇年九月一日、ヤング案により、ドイツの戦争債務は一九八八年まで返済が延期された。このことはフランスに深刻な問題を引き起こした（フランスは、戦争のため、そして復興のために、アメリカに対して借金を抱えていた）。そして、この案では、ドイツを立ち直らせるには不十分だった。フーバー・モラトリアムが一九三二年一二月実施された。ドイツはフランスに対して債務の返済をやめた。そしてフランスもアメリカへの債務返済をやめた(6)。

(6) ナチスの勝利と戦争によって、第一次世界大戦におけるドイツの賠償は最終的に二〇一〇年一〇月まで延期され、先送りされた。すなわち、現在のギリシャ政府の債務危機が開始したのちに至るまで。

だが、すでに遅すぎた。一九三二年、ドイツの失業率は二五から三〇%に達していた。そして、この年の七月、ナチス党は三七・四%の得票を獲得した。その得票率は、一九三二年一一月に三三%に減少したが、社会党と共産党は対立状態にあり、統一するには至らなかった。そして、フランクリン・ルーズベルトが大統領に選出された(アメリカの失業率はドイツと同じ状態であった)。ヒトラーとルーズベルトはともに一九三三年一月自国の指導者の地位に就いた。そして、ファシズムと社会民主主義の戦いが開始した。それは、第二次世界大戦によって終わった。

経済的に、ファシズムの短期的な優位は明らかであった。経済的自由主義の危機に対する直接の解答は計画主義(すなわちディリジスム)であった。急速に、ナチスの経済大臣ヒャルマル・シャハトは、自給自足経済と公共支出(高速道路)と戦争債務の放棄を組み合わせることによって、失業問題を解決した。国内貨幣について、彼は純粋の信用貨幣を発行して、(戦争産業に関わる)特定の産業部門の融資に充てた。それが、メフォ(MEFO)手形だった。対外的に、彼はラテンアメリカ諸国と貨幣交換システムを作り上げた。明らかに、このような極端な経済ナショナリズムにもとづく政策は戦争経済と整合的であるが、それは、厳密に経済的な理由においてではない。ナチズムの戦争へのバイアスは、経済政策だけでなく、国民的な政治的ヘゲモニーの形態に固有であった。

ルーズベルトは、民主主義を尊重した人物であり、野党共和党、最高裁判所、合衆国の連邦主義者、分権主義者と交渉を重ねなければならなかった。ただちに、彼は商業銀行と普通銀行の分離を可決させた（一九三三年、グラス・スティーガル法）。流通手段および投資手段としての信用貨幣の機能はこうして分離された。農業部門の改革と政府が実施するさまざまな雇用創出計画が発表された（そのひとつが水力発電計画であった。「テネシー渓谷開発局」）。ドイツよりも雇用創出の規模は小さかった。ルーズベルトは、雇用の創出は経営者の仕事であり、国家の役割はそのためにマクロ経済の条件、すなわち、「有効需要」を創出することであると考えていた。公共支出は有効需要の一部である。だが、フォードやケインズによれば、有効需要の最大部分は豊かな大衆の需要であり、そのために賃金を上昇させねばならない。アメリカ合衆国のような自由起業の国では、賃上げは強い労働組合の存在によって実現される。とはいえ、労使関係を規定するワーグナー法が成立するのは一九三五年になってからである。

その結果、一九三六年時点で、ニューディールによる成果は、シャハトが獲得した成果よりも見劣りがした。だが、この年、ルーズベルトは、フランス、スペインの人民戦線の議員たちと同様に、大統領選挙の再選に圧勝した。ルーズベルトはさらに一九四〇年に再選されるが、ヨーロッパの社会民主主義はその有効性を示す時間を失っていく。スペインの内乱とともに第二次世界大戦が始まり、戦争経済が全世界に定着することになる。

政治的には、暴力あるいは説得によって、権威主義的体制がポルトガルからフィンランドに至るまで、ほとんど全ヨーロッパを支配した。このファシズムの成功は（スペインを除いて）一九三〇年代半ばまでに起こったので、この成功は、ルーズベルトに対するシャハトの「選挙における好成績」を表現していないことは明らかである。問題は、権威主義的体制は不安に駆られた庶民に対して「安易な解決」を提供したことにある。そして、ナショナリズム、宗教、共産主義と移民労働者への恐怖、反ユダヤ主義、即時的安全への願望などを通じて、庶民を安心させた。さらに、社会民主主義とスターリン主義は一九三三年まで相互にひどく敵対していた。そして、フランスの人民戦線が自由主義的民主主義者に対して譲歩しなければならなかった妥協によって、人民戦線の活動は弱められた（フランス国内で、急進社会主義者と連合し、対外的には、イギリス政府と連合した）。ファシズムの陣営においても対立が存在した（聖職者たちによる独裁とナチズムの対立）。だが、この対立はナチズムの――抑制できたはずである――急成長を停止させることはできなかった。

2　緑の転換の障害とは何か

一九三〇年代の警告は真剣に検討しなければならない。何よりもそこから引き出すことのできる教訓とは、大危機に対する「良い」解決策は、直接、永遠に受け入れられるわけではないことである。その他の解決策が、たとえば権威主義的体制から急速に登場する。今日、ＥＵにおいて、ハンガリーはこの方向を歩んでいるが、世界中でわれわれは、ロシアがその典型であるように、右翼政党による権威主義的な急進化を目にしている。これらの権威主義的体制は相互に競争している。経済的成功を競っているのではなく、ナショナリズムのように政治的ないしイデオロギー的な理由で競っている。

現在の状況と一九三〇年代を比較するとき、二〇〇八年に受け入れられたように思われるグリーンディールに向かうための最初の一歩は、債務危機の問題に直面して後退を余儀なくされた。だが、一九三二年には、社会民主主義というオルタナティブはまだテーブルの上になかった（ルーズベルトの選挙キャンペーンははっきりニューディールを説明していなかったし、後に有名になる「ケインズ的、フォード的」なイメージも存在しなかった）。だが、債務問題は真剣な二国間協議の対象となり、返済の繰り延べが合意された（ヤング案とフーバー・モラトリアム）。さらに、社会民主主義的であれ、ファシズム的であれ、これらの政策はひとたび国民的レベルで採択されると、対外的な経済制約の大きな問題なしに実施することができた。

国際協調という飛躍の難しさ

このような確認をおこなったのは、一九三〇年代の危機はたしかに国際的危機であったのに対して、現在の危機は直接にグローバルな危機だからである。われわれが目にしているのは、類似した危機に国民経済が相互連関的に直面しているのではなく、エコロジー危機やシステム危機を含むグローバル経済がさまざまな政治的、国民的な空間において映し出されている状況である。したがって政治体制は無力であるように見える。というのは政治体制はグローバルレベルで機能していないからである。

これに対して、金融はグローバルレベルで機能しうる。

したがって、保護主義への誘惑はフーバーの時代よりも現在では弱い。フーバーの時代では保護主義は数多くの保守政府の賛成を即座に得ることができた。現在ではグローバル競争の最もひどい影響を受けている人たちでさえ国レベルでの保護主義に対して消極的である。彼らは保護主義の効果を信じていないし、購買力に対するよくない効果を知っている。彼らが要求するのは、社会と環境に関して共通のルールが存在することである。保護主義に意味があるとすれば、それは「普遍的な」保護主義であり、一定の諸国において低賃金を悪用するような輸出に対する保護主義である。(7) 反外国人、そして反外国製品を掲げる言動が示しているような人びとの不満を、後で見るように、ある政治家たちはうまく利用している。

(7) これが、「反グローバリズム」、「非グローバル化」、「アルテルグローバル主義」〔新自由主義によるグローバル化に反対する社会運動〕に関する論争の意味である。アタック (Attac) 〔一九九八年フランスで設立された金融取引課税と市民行動のためのアソシアシオン。世界的に活動を展開している〕の科学委員会委員長のつぎの著作を参照。René PASSET, *Éloge du mondialisme, par un « anti » présumé*, Fayard, Paris, 2001.

だが、このような共通ルールを課すことのできるグローバル政府は存在しない。そしてヨーロッパでさえ生産の社会的、環境的諸条件の足並みをそろえることに苦労している。

しかも、ルーズベルトのニューディールは各州の自立に対して、アメリカ連邦政府の法制度と予算を構造的に強化することにあった。連邦主義はレーガンの反革命によって否定され、現在、保守派の急進的部分（ティーパーティ）はさらにこの動きを強めている。したがって、主権の放棄をともなう超国家的な連帯への抵抗について理解することができる。

グローバルなレベルで協調が不在であるという行き詰まりの例を見てみよう。ドイツは返済不能なギリシャに対して、ヤング案（債務の帳消し）を受け入れることを望んでいた。ギリシャの債務を連帯して負担するよりもましであった。だが、このことはドイツの銀行だけでなく、主要なフランスの銀行に流動性の危機を引き起こす。別の例であるが、EUが温室効果ガスの排出を大きく制限するために協力できるにしても、この結果はアメリカ合衆国と中国の協力を得なければ、ただちに打ち消されてしまう。同じことは現在の食糧危機についても妥当する。この食糧危機の原因はローカルではなく、グローバルである（だが、数多くの地域において、主権にもとづいて一方的な政策により食糧自給を回復することは可能である）。

したがって、グリーンディールのための最初の障害は、協調の問題である。ローカルな行動のためには、なお空間が存在する。そして、いずれにしても、グリーンディールは地域の自治体と個人の賛同を得なければならない。だが、ローカルはますます広くなっている（地域、国、ヨーロッパなど）。金融や気候危機などの諸問題に直面するときが、そうである。国民国家は無力であるし、EUは小さすぎる。また、「上昇する連邦主義」が存在しない。「上昇する連邦主義」によれば、全体が集団的に選択した場合、政党はこの選択にしたがう。

ところで、社会学と政治哲学がわれわれに想起しているように、主権をある全体に委任するためには、従属的な部分がこの委任によって利益を見出す必要がある。ローカルな国家間の競争よりも連邦的な状況が好ましいにしても、ただ乗り(8)の戦略の方がローカルな利害にとり効果的である。

(8) 自ら貢献することなく、(バスの料金を支払う)他人の行動を利用する経済主体の戦略をこのように呼んでいる。

ヨーロッパの例に戻ろう。EUは二〇〇五年、ヨーロッパ憲法条約の国民投票にさいして、連邦主義への前進に関する論争を経験している(連邦主義への前進は重要であったが、相対的に限定されていた)。フランスの国民は「ノン」が過半数を占めた。彼らは、自分たちの社会モデルは国民的、政治的な枠組みにおけるほうが十分に守ることができると考えた。その結果、それから七年間、フランス国民はあいつぐ政権によって福祉国家とそれに必要な社会的立法が解体する苦労を経験した。(9)アイルランドの国民は現在の危機に先立って、リスボン条約に反対の投票をした。彼らはより連邦的なヨーロッパになれば、税のダンピングによりアイルランド島に資本を誘致できなくなると心配した。危機が起こってから、彼らは賛成に投票した。ヨーロッパ大陸による連帯を望んだからである。だが、彼らは大陸との税のギャップを埋めようとはしない。ポーランドや他の東欧諸国は税のダンピング戦略を採用しているからである。ただ乗り的な戦略による利益はこのように削減されている。

（9）最も戯画的な例であるが、二〇〇六年ドミニク・ドゥ・ヴィルパン首相が提起した最初の雇用契約の政策は、広汎なデモを引き起こしたのであり、「基本的権利憲章」に公然と反するものだった。この憲章は前年に拒否された憲法条約の第二部を構成していた（国務院の判例によれば、EUのニース首脳会談において憲章が採択されただけでは、政府間声明以上の法律的価値を持ちえない）。「反対」の投票は「ヨーロッパ憲法条約が意味していること」に反対ではなく、「それが意味していないこと」への反対であり、「主権的な投票に対する経済的な投票の優位」が存在していた（*L'État de l'Union européenne, op. cit.*, p. 99-100）という、全体的に妥当な分析の限界であった。ニース条約よりもヨーロッパ連邦的な性格を有していたヨーロッパ憲法条約への客観的な反対だけでなく、保守のなかの保守と左翼のなかの左翼によるナショナリズムと国民主権に関するキャンペーンが存在した。

債務危機の「債権者」側に立つアンゲラ・メルケルは最も豊かな国、ドイツの指導者であり、債務諸国（PIGs〔ポルトガル、スペイン、アイルランド、ギリシャ〕）とのユーロ債券の発行によるヨーロッパ的な連帯が、低金利で資金を調達（スキミング）できるドイツの能力を弱めることを恐れている。たしかにそうだろう。だが、このドイツの戦術は、金融問題の相互解決のための決定を最後まで躊躇することによって、ドイツの顧客である国ぐにがすべて破綻してしまう結果を生み出しかねない。

気候の危機について、アメリカ合衆国と中国はともに非協調的な戦略を続けている。一九九二年のリオ会議以来、両国は相手国が温室効果ガスの削減の負担を引き受けることを要求している。ゲーム理論によれば、これはチキンゲームである。[10] 協力と負担の分担は最後に引き受ける。結果は、双方にとり、破滅が生じることである。京都会議で、EUは先頭を切ることを受け入れて、温室効果ガスの削減において拘束力のある協力をほぼ一方的に受け入れた。この時期、フランス、ドイツ、そしてヨーロッパの過半数の諸国で社会党と緑の党の連立政権が実現していた。そして、超国民的利害に立つ独立したEU委員会と緑の大臣たちが京都会議に参加していた。だが、二〇〇五年のヨーロッパ憲法条約の批准の否決以降、各国政府の利害が強まったのに対して、EU議会やEU委員会の交渉の権限は低下した。そして全会一致のルールが強化された。(11) サルコジとメルケルはコペンハーゲン会議のためにブリュッセルで公式に承認された野心的な目標を放棄して、気候の交渉においてヨーロッパが指導力を発揮することも放棄した。その結果オバマと胡がチキンゲームを演じた。すなわち、地球全体の破滅に向かうレースである。

(10) ニコラス・レイ監督、ジェイムス・ディーン主演の映画『理由なき反抗』を参照。この映画のなかで、若いごろつきたちが自動車に乗りながら、チキンゲームを演じる。崖まで自動車を暴走させ、最後に車から飛び出した者が勝つが、論理的に言えば、勝者は自殺するし、敗者も気づくのが遅すぎると自殺することになる。

(11) 実際にはその前年から実施されているニース条約である。ニース条約は多数派を形成するための不可侵の条件として全会一致のルールを厳しくした。だが、ヨーロッパ憲法条約を拒否することはニース条約の固守を選択することを意味した。つまり、政府間交渉の重視である。その結果、ヨーロッパはドイツ主導の一種の永続的なウィーン会議に持続的に転換した。このことは、リスボン条約が採択されたのちに起こった。リスボン条約において、多数決投票の可能性が明確に確認された。だが、実際の生活、制度において、重要であるのは、条約よりも実践である。二〇〇五年は心理的、政治的に大きな転機を画している。これは、その当時において不可逆的な転機であり、ドイツ政府に大きな権力を付与する政府間協議にもとづくヨーロッパが支持された。

したがって、最初の障害のブロックが存在する。すなわち、協調への信頼の欠如。決定を下すための超国家的な制度の不在。最初に決定を下して、「われを愛する者はわれに続け」と宣言できるような指導力の欠如。ただ乗りやスキミングの得意なナショナリスト的行動の選好。要するに合成の誤謬である。[12] だが、ほかの障害も一九三〇年代から存在する。それは、支配的な側についても、また、被支配的な社会集団についても存在する。

(12)「合成のパラドクス」は表面的に勝者になる諸個人の戦略の結果であるが、全員が同じように振舞うと敗者になってしまう戦略である。

支配的利害の分析

支配的な社会集団はつぎの二つの理由にもとづいてグリーンディールに反対する。第一に、彼らは自分たちの戦略的利害は新しい妥協を受け入れることであると知っていても、現在のまま行動し続けることが自分たちの短期的な利益になると信じることができるからである。第二に、自分たちは新しい状況において占めるべき位置がない、あるいはその席はきわめて限られてしまう、と考えるからである。

たとえば、一九二〇年代にヘンリー・フォードのお説教を信じようとした数多くの経営者がいた。繁栄する勤労者階級が自分たちの生産物の重要な有効需要の担い手となる。だが、このことが法律、あるいは団体交渉になるまで、労働者の賃金を引き上げようという個人的な戦略は競争で敗北した。そして、社会的需要の増加というマクロ経済の効果が売り上げ増として現れることはなかった。

その反対に、石油生産者たち(輸出者、企業)は経済の脱炭素化に向かうグローバルな動きは自分たちの損失を引き起こすので、反対のPRをして、「気候懐疑的な」ロビー活動を展開する。この不安は過剰反応であるが、明らかに、これら企業の年間利益は大きく減少するだろう。同じことは、脱原発になった場合、原発産業に妥当するだろう。だが、このような転換はドイツで実現可能であり、正当にも、(シーメンスのような)原発施設の大手企業は、(電車、風力発電など)グリーン技術も生産しているので、このようなグリーンな転換に対して前向きである。

金融部門はこれら二つの抵抗を兼ね合わせている。危機以前に、金融ロビーたちはあらゆるタイプの規制やプルーデンシャル・ルールの強化を拒否していた。危機の最初の段階において(二〇〇八年から二〇〇九年)、彼らは公的救済を切願しただけでなく、自分たちの「リスク選好」に対する強制的な規制を要求した(その場合の議論は古典的な議論であり、「一般的な義務がなければ、競争相手と同じことを私もやる」という議論であった。[13] だが、二〇〇九年に嵐が静まると、彼らは楽観的な行動に戻った。そして、ますます数多くのエコノミストたちや政治的責任者たちは、グリーンディールが一種のグラス・スティーガル法だけでなく、銀行システムの広汎な社会化を意味すると考えた。そして、金融業者の利害は現在の状況を固守することであり、それは危険であるにしても（自分たちにとり）驚くほどの利益がある。そして、モラルハザードからも保護されている。リスクある行動から利益を引き出すことができ、また、「ツービッグ、ツーフェイル」によって、彼らは国家から無償の保険を受け取ることができる。金融業者をコントロールできるような政治的ヨーロッパが弱いがゆえに、彼らの利害は保護されている。それゆえ、二〇〇五年、「フィナンシャル・タイムズ」や「ウォール・ストリート・ジャーナル」はルクセンブルクの金融業界と同様にＥＵの強化に対して、反対を支持したのだった。

(13) ヨーロッパ議会の経済金融委員会のメンバーとして、私は金融ロビー団体のこれら二つの継続した言説を聞かねばならなかった。

だが、庶民が全員一致で「支配勢力を排除」して、ニューディールを受け入れると考えるのは楽観的すぎる。グリーンディールはさらに困難である。

庶民に見られる消極性

一般的に、支配的なイデオロギーは支配的な諸集団のイデオロギーである。過去において相異なる状況が存在したのであり、労働者階級は集団的な反文化のなかに、党、組合、共済システム、お祭りとともに巻き込まれていた。その場合、「連帯」とは、「自由企業」に対立する価値であった。連帯は、「生産者の良心」にもとづいていた。勤労者たちが連帯しているのは、自分たちの社会的存在がコミュニティによって需要される財やサービスをみんなで生産することによって確認されているからである。この労働の誇りは経済的な進化とイデオロギーの進化、つまり自由主義的生産性至上主義によって破壊された。思想家、進歩主義者、エコロジーの賛同者たちが労働は資本主義のもとで疎外されている事実を弾劾した（マルクスが大きく発展させた批判）だけでなく、つねにこの事実が続くことを理論化して、価値を労働に還元することは疎外に陥ることを主張した。[14] 労働者としての崇高さ、仲間意識から、プロレタリアたちは、一九世紀初めのブルジョワ小説が描いたイメージに立ち戻ることになる。その後、ヴィクトール・ユーゴーは『レ・ミゼラブル』のなかで、フォーブルグ・サンタントワンヌ地区について革命的な描写をおこなう。「くだらない仕事、汚い仕事」。

（14）自由主義的生産性至上主義モデルにおける労働の価値喪失と労働価値の終焉に関するイデオロギーについて、私の『砂時計社会』（*La Société en sablier, op. cit*）第三章を参照。

グリーンディールが提起する勤勉革命は、コミュニティの利益になり、地球を救う。そして、この革命は労働の深遠な再評価、生産者としての誇りの再評価と並行して進められる。生産者は労働の目的と内容において再び人間的になる。だが、現在の状態では、つまり、われわれの出発点において、生産者の連帯と誇りは行動やストライキのなかにしかもはや存在しない。[15] したがって、消費主義が一般的に受け入れられるのであり、これは貧しい人びとの経済的自由主義である。そしてネガティブなアイデンティティが生まれる。「あなたがたをもう信用しない」（「あなたがた」とは、すべての政治家、フランス社会党を含む、そして、イギリスのニュー・レイバーも含む）。「外国人は嫌い」、さらに、「イスラム教徒は嫌い。」反ユダヤ主義や反共産主義はもはやそれほど話題にならないのに、イスラム人の排斥とナショナリズムは希望を失った労働者階級や貧しくなった中間層のなかに保守政党が入り込んで成功していることを説明している。すなわち、「砂時計型社会」[16]で底に向かう人びとである。緑の党を含めて中間層から生まれた政党が発する連帯の言説が庶民のほんとうの生活の諸問題を取り上げていないと疑われている。そして、最大の問題は、治安と犯罪であるので、保守の政治家にとり、治安の最良の防御者として、容赦なき言説を発することは容易である。とはいえ、彼らの社会的、経済的政策がさらに問題と犯罪を引き起こしている。

（15）つぎの注目すべき運動参加型の聞き取り調査を参照。Florence AUBENAS, *Le Quai de Ouistreham* (Éditions de l'Olivier, Paris, 2010). そこでは、新しいプロレタリア、つまり最初から清掃の不安定雇用を余儀なくされた人びとにとり、「ムーリネックス」社を解雇された労働者は「貴族」に見えたこと、したがって、前者が後者に抱いた敵対心について述べられている（「何様のつもりか、何の権利があってデモをしているのか」）。他方、これらの人びとは、当時、ヨーロッパの緑の党が労働者や事務員から第一位の支持を得ていたヨーロッパ議会選挙における政治活動をまったく無視していた。そして、この書の著者は、よくできた仕事である熟練のもつ明確な誇りについて分析している。

(16) すでに『砂時計社会』(*La Société en sablier, op. cit.*) の序文において述べたように、ポピュリズムとファシズムの腐植土である恐怖と絶望は、排除の「状況」に由来するのではなく、抗しがたい悪化の「過程」に由来する。

その結果、社会的な動員は「反対」のための運動に還元される傾向がある。ラテンアメリカ諸国における「反緊縮政策の運動」のデモのスローガンは、「政治家たち、立ち去れ」である。この種のさまざまな運動が存在する。アラブ諸国の革命のように「どいてくれ」というスローガンもある。このことはモデル全体の危機の現実を表現している。だが、それに向けて動員すべきオルタナティブを表現していない[17]。

(17) ステファン・エセルの「叫び」は想像しえないほどの成功を収めた (Stéphane HESSEL, *Indignez-vous !* Indigène, Paris, 2011) のに対して、同氏の諸提案に関する書物はまったく不評であったことは、きわめて意味深い (Stéphane HESSEL et Gilles VANDERPOOTEN, *Engagez-vous !*, éditions de l'Aube, La Tour d'Aigues, 2011 ; そして、とくに、Stéphane HESSEL et Edgar MORIN, *Le Chemin de l'espérance*, Fayard, 2011 を参照)。

これらのネガティブなアイデンティティは極右や極左政党によって動員される場合、「ポピュリズム」と呼ばれる。この言葉は、人民の恐怖と結びつくとき、正当化できるのに対して、オルタナティブはより複雑で、要求が高く、政党、組合、アソシアシオン、専門家やほかの仲介者たちが人民の希望にもとづいて提案する。この恐怖における合理性は支配者の合理性と同一である。まず、協力的な解決への懐疑的な態度と、オルタナティブなモデルはすべて自分たちの直接的な利害を否定するという見方である。[18]

(18) ヨーロッパの「ネオ・ポピュリズム」の分析について、つぎの文献を参照。Olivier ILH *et. al.* (dir.), *La Tentation populiste au cœur de l'Europe*, La Découverte, Paris, 2003.

第一の側面、つまり、国民主権(あるいは地域主権、後述参照)の名のもとに提起される協調的な解決を拒否することは、ポピュリズムを二つの種類の政党に分裂させる。数多くの個人は庶民にとり困難な状況においても、自分たちに対するさらなる連帯のための場がまだあると信じることができる。ただし、この連帯が自分たち、あるいは自分たちに近い人たちだけに限定される場合だけである(たとえば、国あるいは地域において、文化的にキリスト教徒であり、白人である)。彼らは、「まずわれわれ」というタイプのスローガンに敏感である。だが、相異なる「われわれ」の状況もまた相異なる。ある庶民層は相対的にまだ保護されており、ほかの国やほかの地域との連帯を拒否する。北イタリアの北部同盟、スイス国民党(UDC)、オランダ自由党(PVV)、ベルギーのオランダ語圏の地域主義政党(N―VA)、真正フィンランド党(この党はヨーロッパによるギリシャ救済に反対している)、そして、アメリカのティーパーティである。これらの政党は全体に対して国を守っている。そして、(「最強が勝つ」という)経済自由主義を承認している。

ティーパーティのケースは特殊である。この動きは、（あらゆる社会階級を含む）普通の人たちのナショナリスト的な反発を表現している。彼らはメディアを通じて、自分たちの国のランキングが下がり、遠くの戦争に負けて、どの戦争でどう負けたのかよく分からないが、世界の未知の体制の指示するばかげた命令を受け入れねばならないことを知った。信じられない気候の変動に対する、いわゆる闘いのために「交渉不可」と形容された生活様式を否定しなければならない[19]。同様に、一九一八年一二月、ドイツ国民は国内で不敗の軍隊が整然と行進するのを見た。この軍隊は政府によれば、遠くの戦場（ピカルディ、ブルガリア）で確認不可能な敗北を喫して戦争に負けたことがある。このような状況は仕返しという感情を醸成し、人民の旧い価値への復帰を熱望して、「背中に一撃を与える」政治的な陰謀の理論の温床となる[20]。

（19）一九九二年リオ会議におけるジョージ・ブッシュ（父）の発言であり、「われわれの生活様式（アメリカ的生活様式）は交渉されるべきではない」。

（20）ドイツの歴史家、ウルリッヒ・ヘルベルトの著作は、第一次世界大戦直後においてドイツの若者が育った状況をうまく把握している。Ulrich HERBERT, *Werner Best. Un nazi de l'ombre*, Tallandier, Paris, 2010.

だが、ほかのポピュリズム政党は異なる社会的基盤を有する。彼らの選挙のターゲットは労働者階級やミドルクラスの下層で、無視されているか衰退しつつある集団である。これは、ポスト共産主義の東欧において一般的な状況である。ハンガリーでは反民主主義政党が危機以降最初に権力を手に入れた。だが、この構図はフランスのような旧い支配国でも存在する。フランスでは、現在マリーヌ・ル・ペンによって代表される国民戦線は社会化的なスローガンを採用して、福祉国家の維持を要求している。ここに福祉国家は「ほんとうに国民的なもの」に縮小されている。[21]「まずフランス人に」である。移民労働者、とくにイスラム教徒は含まれない。これらの政党は、ほかの部分を排除したうえで、全体による連帯を要求している。

(21) 国民戦線が「方向を失った」大衆階級を掌握したことは、もちろんフランスにおける自由主義的生産性至上主義モデルの勝利とともに始まった。つぎの諸分析を参照。Erwan LECOEUR, *Un néo-populisme à la française. Trente ans de Front National*, La Découverte, Paris, 2003 ; Nonna MAYER, *Ces Français qui votent Le Pen*, Flammarion, Paris, 2002. マリーヌ・ル・ペンの新しさは、「見捨てられた労働者たち」の選挙区で活動を展開したことである。これらの選挙区には旧いSFIO〔旧フランス社会党〕の伝統があるが心理的な信頼を失っている。そのなかで彼女は、彼女の父親の言説を加速度的に修正して、「小市民 petits」(二〇〇二年)の利害を強調した。そして、「人種」ではなく「階級」について演説をおこなった。反マグレブ的、イスラム嫌いの人種主義は「世俗」の言葉でカモフラージュされた。

このような分裂はいいニュースである。一九三〇年代のファシズムとは反対に、現在のポピュリズムは連合を形成できていない。EU議会で、典型的であるが、ナショナリストで全員反ヨーロッパであるポピュリストたちは、相互の分裂によって、三つの異なる議会集団を形成している。[22]これらの集団はすべて、反連邦主義、反連帯の方向に押しやるために、中道保守の政府与党に対して、脅しの戦略を用いる力を持っている。

(22) 同様に、スターリングラードの戦いにおいて、ファシズム陣営では、ドイツ軍が、ルーマニア分隊とハンガリー分隊の間にイタリア分隊を配置していなければ、彼らは相互に殺しあったであろう。

そして、より正確にグリーンディールを語るとき、庶民はますます消極的になる。確かに、グローバルなレベルでは、最も貧しい人たちは環境の改善から利益を得ることができる。彼らが手に入れることができるすべて（食糧や安全な水など）は無償かつ良質な環境に依存している。こうした理由によって、緑の指導者たちは第三世界、たとえばアフリカ諸国やラテンアメリカにおいて成功を収めることができる。彼らは、政府に対して都市環境の改善を要求しているインフォーマルな町の住民と教育を受けたミドルクラスの仲介をうまく果たす必要がある。ミドルクラスは汚職に反対し、風俗の自由化に賛成であり、そして地球のエコシステムの悪化に対して反対している。だが、先進諸国ではいつもこのように行くとは限らない。先進諸国の庶民たちは金持ちの消費様式に一時的にせよ近づくことは、社会的な制覇として受け止めている。だが、実際にはこのような消費様式を獲得することは、自分たちの環境や健康を害することになる。自分たちの成功（クルマによる自由なドライブ、毎日ステーキを食べる生活、チャーター便を利用したバカンスなど）を見直して、緑の革命をおこなう必要は認めることができるにしても、彼らにとり、「汚染コストを価格のなかに内生化すること」は自分たちの購買力に対するほんとうの侵害であるとみなされる。

現在の最貧層の直接的な利害を最大限考慮に入れつつ、緑への転換の要求を民主的な議論のなかに根付かせることが今ほど決定的に重要である時期はない。この観点に立てば、庶民にとってのエコロジーは食糧と健康の危機にまず焦点を合わせるべきである。サードセクターが生み出す新規雇用やサービスを強調して、緑の産業が生み出す新規雇用や負担の軽減化を強調することができる。だが、このことは、大多数の人たちにとっても妥当する。彼らは既存の関係を失うだけではないことを知っているが、新しい世界が来るとは思っていない。

第6章

多数派の形成に向けて

グリーンディールの道には障害が存在するにもかかわらず、緑の党は現在の危機が始まってから、(すべての選挙ではないが)いくつかの選挙で勝利を収めていて、その数は増えている。いくつかの国では、緑の党は文化的多数派を形成しており、他の政党までもが解決策としてグリーンディールの何らかの形態を認めるに至っている(根源的なものではないし、即座に開始するわけでもないが)。二〇〇九年ヨーロッパ議会選挙で、フランスのヨーロッパ・エコロジーの立候補者リストは、保守党の二八%という結果に及ばなかったが、それでも社会党(一六%)とほぼ同一の得票率を記録した。二〇一一年、ドイツでは、緑の党が伝統的にキリスト教民主主義の地盤であったバーデン・ビュルテンブルク州で第一党になった。その結果、メルケルは原発を放棄するに至った。これと並行して、ラテンアメリカにおける一連の大統領選挙において、エコロジーを明確に訴える新しい左翼が伝統的な左翼の支配に対して異議を申し立てた。ブラジルのマリナ・シルヴァ元環境大臣、コロンビアのボゴダ市長アンタナス・モカス、あるいはグスタボ・ペトロ議員、さらにはチリのマルコ・エンリケス・オミナミである。

いかなる条件で、この文化的ヘゲモニーをグリーンディールに有利な政治的多数派に変えることができるだろうか。私は自分の経験にもとづいて以下に一〇の条件を掲げる。

一　何よりもまず明確なプロジェクトを

危機は数多くの、しかも深刻な変化を意味している。したがって、これらの変化が必要であることをただちに告知すべきである。これは急進的な命題でもないし、「汗、血、そして涙」というようなロマンチックな趣味でもない。これらの変化が難しいわけではないことを知らせるほうが快いし、すでに本書の第3、4章で考察したように、緑の転換に必要とされる犠牲について涙を流す必要はない。変化のための参加が重要であることを強調することは、それ以前における諸問題の分析にもとづいている。数多くの人びとは支配されている、あるいは支配しているにせよ、他の誰もが変化を受け入れるのであれば、つまり、変化を余儀なくされる場合、この変化を受け入れる用意がある。「見て、待つ」戦略は、一九九二年以来フランスが気候変化に対する闘いにおいてそうであったように、小心かつ場当たり的な政策を取るという悪い経験にもとづいている。これはよい例である。というのも、グリーンディールに対するほとんどすべての他の障害は現在のエネルギー・気候の危機のための闘いにおいて存在しているからである。たとえば、明らかに、緑の党が一国の選挙で勝っても、そのことによって自動的に他の国ぐにが同じ方向に歩み出すわけではない。そこから、第二の条件が生まれる。

二　超国民的協調とヨーロッパ連邦主義の推進

フランスの緑の党が最高の選挙結果を獲得したのは、二〇〇五年のヨーロッパ憲法条約の国民投票が否決されてからわずか四年後におこなわれた二〇〇九年のヨーロッパ議会選挙で、「ヨーロッパ・エコロジー」を掲げて戦ったときである。二〇〇九年には、二〇〇五年に反対を表明した人でさえ、危機克服のためのあらゆる政策はヨーロッパレベルで実施されるときはるかに有効であることを承認した。だからといって、グリーンディールの支持者たちは、ＥＵが行動をおこすまでは何もしないという待ちの戦略に従わねばならないことを意味するわけではない。それどころか、国民的ないし地域的レベルで、労働時間短縮やグリーン技術投資を増やすことは可能であり、そのために、競争力を保護するための特別措置が実施される必要がある。(1) さらに、「最初の出発者」であることの利益を主張することができる。ヨーロッパレベルでの決定は歴史的必然であることがわかれば、ローカルで最初に動いた人はその後の競争において利益を獲得することができる。だが、ヨーロッパ議会やＥＵ委員会で、緑の党との連合はつねにより一層の連帯と協力を提案しており、必要なときには、ヨーロッパレベルでの法制的な調和を実施している。

（1）定年退職を含む労働時間短縮の例として、退職年金をとくに輸出企業の賃金総額に結び付けないで、一般的控除によって資金調達することができる。健康保険の例として、輸出商品価格から健康保険の資金調達を除外することができる（その反対に、輸入品に賦課する、つまり、輸入国の賃労働者の社会保障の費用を含める）。これは、消費税と同じように、税関で控除されうるメカニズムにしたがうことになる。

三　制度改革と実質的改良を組み合わせる

選挙民たちはヨーロッパが自分たちにとり不利であると判断すれば、強いヨーロッパを受け入れないだろう。彼らは「条件付き」の連邦主義に賛成の投票をしないだろう。「大きいことはいいことだ」、ではすまないからである。ヨーロッパ憲法条約の短所のひとつは、自由主義的生産性至上主義モデル自体の危機が迫っていることは十分予測可能であったにもかかわらず、それを直接説明しなかったことにある。専門家が一人でも、ヨーロッパ憲法条約は良好な方向に向かう大事な一歩であることを指摘すればよかった。つまり、連帯を強めて、民主的かつ迅速に決定すること、そして、働く者や女性の権利を十分保障する、そして環境のさらなる保全を進めて、現在実施されているマーストリヒト条約やニース条約と比較して環境をさらに保護する。これに対して、ヨーロッパ憲法条約に反対を表明することは、これらの条約の維持を意味した。ルーズベルトは連邦国家の権限を強めて、金融を規制し、労働者の交渉能力を強化した。その目的は社会進歩であり、その手段となったのが連邦主義であった。その逆ではない。

四　終末論を適切に活用する

文化的ヘゲモニーが実現するのは、政党の提案が大多数にとり「必要である」と判断されるときである。そこから、「この提案以外のオルタナティブは存在しない」という議論に訴えることが数多くなる。自由主義的生産性至上主義モデルの初期においてサッチャー首相のイギリスが示した経験は、このような議論が機能しうることを示した。緑の党の運動家たちは、自由主義的生産性至上主義モデルの終末論的な効果はすでに現実によって、もしくは「自然科学」の予測によって検証されていることをしっかり認識している。だが、オルタナティブが不在であるという議論（グリーンディールか世界の終わり）は慎重に扱われるべきである。この議論の大きな欠点は、何が「オルタナティブ」であるか、そしてどのように各個人が巻き込まれるかについてはっきり説明していないことにある。終末の結果について明確に把握されていないかぎり、待ちの戦略の壁にぶつかることになる。

それゆえ、終末論はむしろ権威主義的な政治家によって利用されている。「あなた方自身に反する、あなた方の救済は私に任せてください。」失業の増加、食糧価格、エネルギー価格の上昇、フクシマの影響は各個人が認識している。だが、このような状況にわれわれを導いた政府はこぞってこうした国民の不安を利用して、国民が嵐のなかを突き進むのを道案内できるのは自分たちだけであると吹聴している。

だが、終末論を活用することをためらうべきではない。終末論が登場するのは、「変化の不安」を「非変化の不安」によってバランスさせるための方法としてである。フランスの緑の党は二〇一一年地方選挙で大きな勝利を収めることができなかった。他方、ドイツの緑の党は、バーデン・ビュルテンブルク州で勝利することができた。いずれも、フクシマの悲劇が起こってすぐの数週間内の出来事であった。フランス人は、あたかも他人の不幸を自分たちへの警告として生かすことが「汚い」ことであるかのように、フクシマの議論を活用しなかった。その反対に、ドイツの運動家たちはフクシマの議論に集中的に訴えることによって、地方選挙で勝利して、保守党から脱原発を獲得することができた。

五 「変化なき」場合のコストを公表する

終末論の穏やかな形態は、「現状維持」、すなわち、現状のまま続けることを提案する戦略の現在のコストを評価することである。終末論の問題は、終末が起こらないかぎり、人びとを説得できないし、起こってからでは遅すぎることにある。だからといって、「一家の父」が取るべき慎重さを要求することは可能である。原発について、市民から要求できる最低限とは、近隣の原発に事故が起きた場合の避難計画を公表するよう、居住する市当局に要求することである。自分の会社の避難地からそれほど遠くない避難地域を各人が探せるようにするためだけでもこれは必要である。そして、原発の維持コストを知ることも決して不要ではない。規準との整合性、原発への追加的な投資の必要などについて知ることができる。

だが、原発のリスクとは反対に、すべての終末論はタイタニック号の難破のような形をとらない。タイタニック号の場合、アイスバーグが出現したとき、すでに間に合わなかった。「確率的に」待つしかなかった。大半の汚染、つまり、ローカルな汚染、食の乱れ、気候変動でさえ、前兆となる信号を発する。そして、この信号を受け止めて、「警告を発する人たち」がいる。忍び寄る終末に関するよい情報は「何もしない」ときのコストを証明するための負担を免除させることができる。待ちの態度に理由があるのは、「今持っているひとつの方が、おまえが将来持つ二つよりもいい」、あるいはイギリスのことわざにあるように、「わが手のひらにある鳥一羽は、空中の二羽よりもいい」という状況においてである。だが、その鳥が手を突くのであれば、話は別であろう。ここからエコロジストの経済学者たちは、ピグーのようにコストの内生化を進めて、消費者が消費を変えるよう誘導する。

六　ピグーを賢明に活用する

経済学者が言及するピグーは、環境保全のための誘導税の創設者として、である。環境税は他者や環境に課される被害について信号を送ることができる。この被害は環境税がなければ、販売と購買の関係のなかで無視されていたはずである。軽油一リットルを買う場合、地球に与える損失に対しても支払うべきであることを知る必要がある。だが、環境税はどこに向かうのか。環境税は国家に入る。そして財政のドグマによれば、あらゆる税は特定のひとに課されるべきではない。税は消費者に警告するために役立つのであり、その「第二の配当」である税収入は国家の臨時収入となる。

このドグマは「消費者＝汚染者」の反対を生む。経済学者たちはピグーの著作を読むべきである。彼は課されない環境税を発明したのではない、彼はむしろ第三者や環境への被害に対する保険を、奨励金や課金のかたちで発明した。環境税が大多数によって受け入れられることを望むのであれば、エネルギー・炭素税は第三世界を含めて気候変化に対する闘いのために優先的に実施されるべきである。だからといって、公正や再分配を無視すべきであることにはならない。この点について、つぎに見ることにしよう。

七　社会と環境の政策を組み合わせる

グリーン政策の大きな問題は、公共財の濫用を禁止しようとして、この公共財を最も必要としている人びとを公共財のアクセスから排除してしまうリスクがあることである。つまり、貧困層は、公共財以外に自分たちの必要や楽しみを満足させる手段を持っていない。したがって、グリーン政策は庶民に受けないというリスクが生じる。共通財の持続しうる量へのアクセスを割り当てシステムによって配分する場合、公正さが最初の割り当てから保障されねばならない。一般的に、この公正の考えによれば、(水、エネルギー、大気などの)共通財への普遍的なアクセスは一定分量について無償で配分される。そして残りの部分が競売を通じて比較的高い価格で配分される。これと同じ原則が環境税について妥当する。環境税の収益の大部分は(たとえば交通のように)同じ需要に見合う代替的な供給に資金を調達するために使用される。これは、前項の論点にしたがっている。そして、残りの収益は、最も貧しい人たちの収入を増やすためにとって置かれる。少なくとも、彼らが支払うべき環境税に比例して。

八　共通の利害が諸個人の利害と合致することを説明する

クルマの運転の機会を減らし、ゆっくり運転すること、そして肉食を減らすこと、部屋の暖房を強めないで、冬にはセーターを一枚多く着込むこと、そして夏には逆に、服装を軽くして冷房をできるだけ避けること、これらのことは地球にとり必要である。だが、これは個人にとっても利益がある。環境のフットプリントを減らすための数多くの目標は、個人の健康、安全、さらには購買力にとってもプラスである。たしかに各個人が地球と関わっているという議論は教育水準の高い人びとを説得して、満足させることができる。だが、同じ議論はより庶民的な層にとり、反社会的なスノビスムとしてみなされる。ラジカルなエコロジーないし個人主義の批判のために、個人の利益に関する議論を無視する理由はない。母親はいつでも子供のために安全な食品を料理したい。第三世界を飢餓から救うためにヨーロッパの農産物価格のシステムを改革しようと提案するとき、なぜこのような期待を考慮に入れないのだろうか。

九　努力における公平性

グローバルなレベルでグリーンディールを実施する場合、環境のフットプリントを減らし第三世界との連帯を強めることは、（つねにではなく、まさしく）「ときどき」地球の「北」に住む一定の人たちの購買力を実際に下げることになる。気候変動のための闘いがそうである。北はすでに地球の二・五倍に相当する割り当てを消費している。労働者階級やミドルクラスの下位部分は、グローバルな妥協の条件そのものである、「負担のシェアー」の重さを感じるだろう。だが、このような妥協が豊かな諸国で「可決される」ための条件は、これらの国の富裕者が最大の負担を引き受けることである。そうでなければ、グリーン政策は「社会的生産性至上主義的」な政策という伝統的な見方によって、ないし、より多くの場合、ポピュリズムによって否定されるだろう。

一〇　涙ではなくバラを

グリーンディールのための大きな前進が二〇二〇年までに、あるいは二〇一九年までに実現しなければ、（一九四〇年の例が本書を通じてガイドとしてわれわれに役立ったように）世界が受け入れねばならない挑戦は実際に「汗と血と涙(2)」を要求することになると、私は確信している。現在はまだその状況にはない。不平等や環境のフットプリントを減じるために実現すべき改革のほとんどは比較的容易なものであるのに対して、危機の効果はますます深刻になっている。だが、このような議論は十分ではない。グリーンディールのための動員は必要であるだけでなく、つまり、市民、子ども、そして地球にとり好ましいだけでなく、それは楽しみになりうることを感じる必要がある。グリーンな将来のために動員されることは意味があるし、夢中になれる、同時に、楽しいものでもありうる。地球における清貧な生活を守ることに参加する楽しみは選挙において必要であるだけではない。それは、駆け足で進む個人主義に対する闘いであり、衰退しつつあるコミュニティ的な感情を取り戻すための闘いである。

（2）一九四〇年五月一三日、ウィンストン・チャーチルの首相就任演説。ドイツ軍の侵攻とフランス、イギリス、ベルギーの各軍隊の崩壊の三日後に行なわれた。

一九三〇年代にヒトラーが勝利したとき、ナチスのお祭りは社会党や共産党のイベントよりも熱狂的であり魅力があった。ナチスが高揚した汚い名目は、まちがったコミュニティの形態であった（フォルク、つまり人民である）。ニューディールの映画監督フランク・キャプラ〔一八九七―一九九一年〕、チャールズ・ヴィダー〔一九〇〇―一九五九年〕、ジョン・フォード〔一八九四―一九九三年〕などの成功は、人民戦線の映画監督、あるいは、ジャック・プレヴェール〔一九〇〇―一九七七年〕、マルセル・カルネ〔一九〇六―一九九六年〕、ジャン・ルノワール〔一八九四―一九七九年〕たちの詩的リアリズムの成功と同じように、文化をめぐる闘いにおいて、自由な個人の友愛と協同にもとづくコミュニティを打ち立てることを意味していた。

かつて五月一日のメーデーがそうであったような、労働者の誇りを示すような祭典はもはやほとんど存在しない。われわれエコロジスト、研究者、芸術家、運動家は、ノーカーディ、動物性タンパク質を過剰に摂取しないピクニックの日々のためのお祭りをもう一度発明すべきである。そして、グローバルな無秩序に対するローカルな解決とアルテルモンディアリスト〔フランスの反グローバル主義の運動〕の祭りを見つけねばならない。グリーンディールの実現はわれわれ共通の人類を楽しく祝賀することに他ならない。

結論

現在の危機後の発展モデルは、たとえ野心的な改革であっても、金融のプルーデンシャル・ルールや金融監督のルールの改革に還元することはできない。一九三〇年代の危機と共通する特徴を備えているので、二一世紀の危機はルーズベルト的な資本と労働の新しい与件を必要とする。だが現在の危機はもはやたんなる大恐慌の繰り返しではない。ブローデル的な旧体制の危機と同様に、人類と自然の結び目が問題の核心にあり、構造的な対応を迫っている。つまり、食糧と健康の結び目と、エネルギーと気候の結び目である。いかなるニューディールもグリーンディールでなければ、人類と地球にとり持続可能な体制を実現できない。

グリーンディールは自由主義的生産性至上主義モデルに対して大きな変化を意味する。グリーンディールは旧きよきフォーディズムや福祉国家への（世界的レベルにおける）復帰ではありえない。その場合、福祉国家は購買力のたんなる再分配として理解されている。今日、エコロジー的持続可能性があらゆる将来の体制にとり決定的に重要な特徴である。グリーン発展モデルの一定の特徴はすでに明らかになっている。

1 省資源で、雇用集約的で、熟練した勤労形態にもとづく技術パラダイムと勤労者の交渉による参加の実現。

2 蓄積体制は生産性上昇益を賃金生活者により寛大に配分し、そのさい、自由時間の増大を優先させる。そして、グリーンな準公共需要と公共財の増加によって主導される。

3 レギュラシオン様式は、より安定的な資本・労働関係、社会的連帯的経済の発展、環境税、権利の交渉、グリーン投資に直接使用されるような貨幣創出による誘導的な環境の計画化にもとづく。

4 国際的な布置状況は、「旧い」先進国と新興の諸大国が協調して作り上げる社会的、環境的な共通のルールにもとづく。この協調関係は途上国へのグリーン・マーシャルプランをともないつつ、ヨーロッパ連邦にまで進みうる大陸レベルでの経済的、政治的ブロックを形成する。

このようなプロジェクトはおとぎ話にすぎないと考える人たちが存在する。思い起こすべきは、カール・ポラニーが大恐慌を「自己調整可能な市場」の神話の崩壊として捉えたことである。大恐慌は自然、労働そして機械をたんに破壊しただけだった。そしてポラニーはオールタナティブとなるのは、ディリジスム［計画化］であることを正確に予言していた。だが、このディリジスムは、ファシズム、スターリン主義そして社会民主主義という三つの形態をとることができた。現実には、一〇月二九日の暗黒の木曜日に続く数年間、自由主義的な景気後退政策がフーバーやラヴァルのもとで依然として実施された。一九三〇年代末、ディリジスムはどこでも優位に立ったが、なかでも、ファシズムやスターリン主義のように最も全体主義的な形態が実現した。反ファシズムの勝利だけが西側市場の社会民主主義的経済の勝利を実現したのに対して、東側ではスターリン主義が勢いを強めた。

もちろん、将来のための新しい妥協、新しい計画は、ニューディールにとどまらない。これらの妥協と計画は社会的であると同時に、エコロジー的である。だがルーズベルトは一九三二年の大統領選挙キャンペーンで次のように正しく述べていた。「われわれは自分自身のもつ恐怖を一層恐れる必要はない。」この恐怖がわれわれを危機という闇のなかに追いやっている。一九四〇年代の悲劇的な遠回りをせずに、直接グリーンディールに向かうことは可能である。グリーンディールの整合性を示すだけでは十分ではない。信頼の欠如や既得権益の存在がグリーンディールに対立する。グリーンモデルは必要である。だが、それを実現するための民主的な道は科学的な論証に加えて、十分に精緻な政治、創造的文化、そして勇気を必要とする。前進するためのあらゆる歩みの土台は、協調を通じてすべてを変える可能性のなかに信頼を構築することである。共通の利益のために。

アラン・リピエッツ

二〇一二年一月

訳者あとがき

本書は、Alain Lipietz, *Green Deal, la crise du libéral-productivisme et la réponse écologiste*, La Découverte, 2012の全訳である。著者アラン・リピエッツは現在六〇歳代半ばであるが、日本の読者にとり、一九八七年に邦訳出版されたアラン・リピエッツ著『奇跡と幻影――世界的危機とNICS』(新評論)以来、二〇有余年にわたり、すでにレギュラシオン理論の主要な理論家として定評のある著者である。藤原書店では、これまでに、レギュラシオン理論研究に関してつぎの二著書が上梓されている。

『勇気ある選択――ポストフォーディズム・民主主義・エコロジー』(若森章孝訳、一九九〇年)

『サードセクター――「新しい公共」と「新しい経済」』(井上泰夫訳、二〇一一年)

『奇跡と幻影』以降、著者の辿った軌跡は単線的ではなかった。CNRS(フランス国立科学研究センター)、そして、CEPREMAP(フランス国立数理経済計画予測研究センター)所属の主任研究員として、広義の経済学の観点に立って、経済学の批判的アプローチにもとづき、一九七〇年代半ば以降、生成しつつあったレギュラシオン理論の育ての親のひとりとなる。ポストケインジアンからマルクスに至るまで、広汎な批判的経済学者の自由な学派であるレギュラシオン学派のなかで、とりわけ、マルクスと長期的歴史観にもとづく分析がリピエッツの特徴である。とくに、鋭い現実分析と主体の問題意識に立ち入る筆法は、客観的な状況分析に終始しがちである社会科学分析のなかでひときわ読者をひきつけることができた。批判的経済学者を自称しつつも、順調な研究者としての軌跡を歩んでいたリピエッツであるが、一九八〇年代末以降、エコロジストとしての分析を強め、フランス緑の党の経済政策顧問に就く。そして、一九九九年から二〇〇九年までヨーロッパ議会議員として活動する。この時点で世間的に言えば、リピエッツは研究者を辞めた、との評判が流布した。たしかに、狭い意味での研究分析はこれ以降、発表されなくなっているが、そのことは、レギュラシオンの問題意識が完全にリピエッツの意識のなかから消滅したことを意味するわけではない。すでに、『サードセクター』においてもレギュラシオン理論の枠組みが援用されているように、依然として、彼の基本的な分析のパラダイムはレギュラシオンの刻印を持ち続けている。

そのうえで、本著は、エコロジストとしての著者の積年の課題であるオルタナティブな経済政策の立案をめざしている。オルタナティブとは、かつての高度成長期（一九六〇年代の黄金の三〇年）の復活でもなければ、完全な経済成長の否定でもない、文字通り第三の経済成長である。出発点となる現状分析は、一九八〇年代以降のフォード主義の危機から生まれた「自由主義的生産性至上主義」モデルの批判から始まっている。規制緩和政策があたかも打ち出の小づちであるかのように喧伝されたとくに一九八〇年代央における金融自由化のグローバル化戦略により、あらゆる手段を通じた生産性の上昇が追求されることによって、それまで堅固に存在し、資本主義を安定させていた制度装置全体が福祉国家の解体を伴って変容する。しかも、この解体は、官僚主義的な非効率性の打破という側面に訴えることによって、国民の過半数の支持さえ取り付けるようになる。規制緩和によるメリットがひときわ強まった理由はここにあるだろう。だが、一九七〇年代央以降の規制緩和という新自由主義にもとづく経済政策のゴールとなったのが、二〇〇八年のリーマンショックであり、さらに、現在もなお決して完全に消火されていないユーロ危機である。

本書の特徴は、この自由主義的生産性至上主義の危機に対して、金融危機としてだけでなく、エコロジーの危機として分析していることにある。金融自由化戦略によって世界中に余剰資金が流通して、資金不足をただちに解消してくれるような新天地が開かれるという、規制緩和の楽観主義は、実体経済がそれまでの好況局面から反転して、国内に流入していた資本フローが一斉に流出するようになると、大きなパニックを引き起こすに至る。金融自由化以降、新興経済を含めた世界各地で、バブル的熱狂とその崩壊が相次いで起こり続けている。これが、現在の金融危機である。それは、当然、世界的なレベルでの金融の再規制の必要性を導くことになる。だが、リピエッツにとり、問題はさらにその先にある。この金融危機への対処だけが課題であるならば、現在の危機は一九三〇年代の大恐慌と変わらないことになる。

リピエッツによれば、金融危機に加えて、エコロジー危機であることが、現代の危機の基本的特徴である。先進諸国における産業革命以来の経済成長がエコロジー危機を生み出した背景にあることを指摘しつつ、従来の経済成長パターンが維持されると、地球環境のグローバルな危機が必然的に起こる、と著者は述べている。そして、一八四八年のヨーロッパの危機と類似させつつ、農業生産の危機が世界的な食糧危機を引き起こす可能性について警告を発している。

このような金融危機と同時にエコロジー危機として現代の危機を捉える見方に立って、さらに、リピエッツは本書のなかで、オルタナティブとなりうる経済成長モデルを立案している。それは、グリーンディールモデルであり、要するに、雇用集約的＋公共サービス部門主導＋ニューマネーによる積極的なグリーン投資促進、によって特徴づけられる。これだけでは理解不足を引き起こしかねないが、本書を読んでいただければ理解できるように、このグリーンディールは、現在の自由主義的生産性至上主義モデルの対極にある。何よりも、現在の成長モデルは雇用削減によって特徴づけられるのに対して、グリーンモデルは雇用増をイメージしている。従来のように国家が大量の雇用を抱え込むのではなく、サードセクターによる幅広い雇用創出が展望されている。絶えざる雇用削減という、一方にひどく歪められた資本主義は、その反対方向に強くゆり戻されるべきである。

このようなグリーン成長への転換は政治的な転換を必要としている。本書は、そのために必要となる一〇の政治的アピールを掲げて終わっている。たしかに、エコロジー危機は誰もが理解しているが、だからと言って、全員一致の行動、実践がただちに実現しうるわけではない。楽観主義と静観主義が維持される所以である。だが、リピエッツはこれから一〇年、二〇年が歴史的な転換点となることを予想している。

このような著者の問題意識にもとづくグリーン経済政策が現実に適用されるためにはさらに一定の媒介項が必要であろう。本書は、そのための試金石としての役割を有している。純粋な経済学者としての軌跡をあえて選択せず、持ち前の現実感覚と主体的な介入の責に駆られて一〇年間に及ぶ政治生活を経験した著者が、もう一度レギュラシオンの問題意識に立ち返って著わしたのが本書である。研究書としての厳密性よりも、現実認識によって豊富化されたレギュラシオン理論のひとつの到達点として理解したい。

最後に、「日本語版への序文」についてふれておきたい。そのなかで、訳者の恩師である平田清明先生に言及されている。平田先生は独自の観点からフランスの当時の若き研究者たちによって展開されつつあったレギュラシオン研究に対して大きな知的関心を示されていた。なかでも、マルクス理論に造詣の深いリピエッツに対してとくに理論的なシンパシィを抱かれていた。この「日本語版への序文」のなかでとくにリピエッツが平田先生に言及しているのは、このような背景があってのことであろう。骨太の理論体系の彫琢を目指されていた平田先生に対するリピエッツのオマージュとして理解したい。

本書がフランスで二〇一二年初めに公刊されて以来、二年になろうとしている。本書に孕まれている時論的内容からすれば一刻も早く邦訳されるべきであったが、科学的分析に関わるテクニカルな内容の理解に追われて、今日まで訳出に時間を要してしまった。本書のもつ重要性を認識しつつ、邦訳の遅れを忍耐強く待っていただいた藤原良雄社長に深く感謝したい。

二〇一四年二月

井上泰夫

著者紹介

アラン・リピエッツ（Alain Lipietz）

1947年生まれ。CNRS主任研究員を経て、1999年から2009年までヨーロッパ議会議員。その間、フランス・緑の党の経済顧問として活動。主な著書に、『奇跡と幻影――世界的危機とNICS』（新評論、邦訳1987年）『勇気ある選択――ポストフォーディズム・民主主義・エコロジー』（藤原書店、邦訳1990年）『なぜ男は女を怖れるのか――ラシーヌ『フェードル』の罪の検証』（藤原書店、邦訳2007年）『サードセクター――「新しい公共」と「新しい経済」』（藤原書店、邦訳2011年）など多数。

訳者紹介

井上泰夫（いのうえ・やすお）

1951年生まれ。パリ第2大学大学院経済学研究科博士課程修了（経済学博士）、現在、名古屋市立大学大学院経済学研究科教授・同大学理事（2014年4月より）。経済理論専攻。著書に『〈世紀末大転換〉を読む』（有斐閣）、訳書に『現代「経済学」批判宣言』『世界恐慌　診断と処方箋』『ニュー・エコノミーの研究――21世紀型経済成長とは何か』（ともにボワイエ著、藤原書店）『サードセクター――「新しい公共」と「新しい経済」』（藤原書店）などがある。

グリーンディール　自由主義的生産性至上主義《じゆうしゅぎてきせいさんせいしじょうしゅぎ》の危機《きき》とエコロジストの解答《かいとう》

2014年4月30日　初版第1刷発行 ©

訳　者　井　上　泰　夫

発行者　藤　原　良　雄

発行所　株式会社　藤　原　書　店

〒162-0041　東京都新宿区早稲田鶴巻町523
電　話　03（5272）0301
FAX　03（5272）0450
振　替　00160 - 4 - 17013
info@fujiwara-shoten.co.jp

印刷・製本　中央精版印刷

落丁本・乱丁本はお取替えいたします
定価はカバーに表示してあります

Printed in Japan
ISBN978-4-89434-965-0

市民活動家の必読書

NGOとは何か

〈現場からの声〉

伊勢﨑賢治

アフリカの開発援助現場から届いた市民活動（NGO、NPO）への初のラディカルな問題提起。「善意」を「本物の成果」にするために何を変えなければならないかを、国際NGOの海外事務所長が経験に基づき具体的に示した、関係者必読の開発援助改造論。

四六並製　三〇四頁　**二八〇〇円**
（一九九七年一〇月刊）
◇978-4-89434-079-4

一日本人の貴重な体験記録

東チモール県知事日記

伊勢﨑賢治

練達の"NGO魂"国連職員が、デジカメ片手に奔走した、波瀾万丈「県知事」業務の写真日記。植民地支配、民族内乱、国家と軍、主権国家への国際社会の介入……。難問山積の最も危険な県の「知事」が体験したものは？

四六並製　三二八頁　**二八〇〇円**
写真多数
（二〇〇一年一〇月刊）
◇978-4-89434-252-1

国家を超えたいきかたのすすめ

NGO主義でいこう

〈インド・フィリピン・インドネシアで開発を考える〉

小野行雄

NGO活動の中でつきあたる「誰のための開発援助か」という難問。あくまで一人ひとりのNGO実践者という立場に立ち、具体的な体験のなかで深く柔らかく考える、ありそうでなかった「NGO実践入門」。

四六並製　二六四頁　**二二〇〇円**
写真多数
（二〇〇二年六月刊）
◇978-4-89434-291-0

雇用創出と災害復興への道

サードセクター

〈「新しい公共」と「新しい経済」〉

A・リピエッツ
井上泰夫訳＝解説

市場とも、政府とも異なる「新しい公共」、「新しい経済」として期待されている社会的企業、ソーシャル・ビジネス、NPO法人。だが、その理念や方法論は極めて曖昧だった。これを「サードセクター」として再定義し、新たな需要に応えると同時に、新たな雇用を創出するその意義を説く。

四六上製　二九六頁　**三〇〇〇円**
（二〇一一年四月刊）
◇978-4-89434-797-7

POUR LE TIERS SECTEUR　Alain LIPIETZ

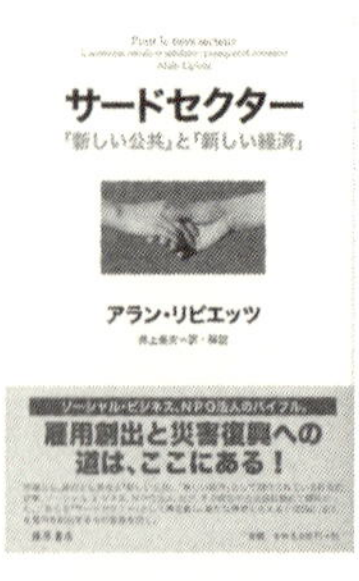